安徽省一流规划教材

U0174864

地理信息系统实验实践指导教程

黄木易　　陈广洲　　冯少茹　　主　编

潘邦龙　朱传华　张　婷　陈　军　副主编

中国环境出版集团·北京

图书在版编目（CIP）数据

地理信息系统实验实践指导教程/黄木易，陈广洲，
冯少茹主编. —北京：中国环境出版集团，2022.1
ISBN 978-7-5111-5040-0

Ⅰ. ①地… Ⅱ. ①黄… ②陈… ③冯… Ⅲ. ①地理
信息系统—实验—教材 Ⅳ. ①P208-33

中国版本图书馆 CIP 数据核字（2022）第 021230 号

出 版 人　武德凯
责任编辑　董蓓蓓
责任校对　任　丽
封面设计　彭　杉

出版发行　中国环境出版集团
　　　　　（100062　北京市东城区广渠门内大街 16 号）
　　　　　网　　　址：http：//www.cesp.com.cn
　　　　　电子邮箱：bjgl@cesp.com.cn
　　　　　联系电话：010-67112765（编辑管理部）
　　　　　　　　　　010-67113412（第二分社）
　　　　　发行热线：010-67125803，010-67113405（传真）
印　　刷　北京市联华印刷厂
经　　销　各地新华书店
版　　次　2022 年 1 月第 1 版
印　　次　2022 年 1 月第 1 次印刷
开　　本　787×1092　1/16
印　　张　22
字　　数　310 千字
定　　价　79.00 元

前　言

　　地理信息系统是对地理空间信息进行描述、采集、存储、管理、综合分析与应用的一门交叉学科。自 20 世纪 60 年代以来，随着计算机技术、信息技术、空间技术、网络技术的发展，地理信息系统与遥感、全球导航卫星系统结合与融合，形成了"3S"集成化技术体系，被广泛应用于经济社会发展的众多领域，并逐渐成为各行业解决问题的一种有效工具和手段，发展前景广阔。地理信息系统课程是地理信息科学专业的核心专业课程，具有重要的地位，因此，加强课程的教材建设，对于提高教学质量具有重要的推动作用。

　　地理信息系统是一门兼顾理论研究和实践操作的综合学科，在掌握基础理论知识的基础上，加强对学生的实验实践能力的培养是地理信息系统的重要教学内容和环节。结合地方高校地理信息系统一流专业建设，依托安徽省省级一流规划教材建设、安徽省省级重大教学研究、安徽建筑大学本科教学工程建设专项基金等项目，编写组系统总结十几年来的实践教学经验，科学分工，通力合作，以 ArcGIS Desktop 为操作软件平台，编写了地理信息系统实验实践指导教材。本教材将基础实验与实际应用案例相结合，可作为高等院校地理信息科学、资源环境、生态工程、土地管理、国土规划、土木工程、地质测绘、给排水工程和风景园林等专业的本科生和研究生的实验实践指导教材，也可供资源、环境、规划等部门的科研工作者阅读和参考。教材共分为两大部分：第一部分为基础实验，根据地理信息系统课程知识模块点，分别进行相应的基础功能操作；第二部分为案例实验，主要结合不同领域的实际应用需求，综合应用地理信息系统知识来解决问题，培养学生的思维能力。

本书由黄木易、陈广洲、冯少茹负责总体设计、组织、审校和定稿工作。陈广洲编写基础实验一、七和案例实验九；黄木易编写基础实验八和案例实验二、六、七；冯少茹编写基础实验四、五、九、十和案例实验四；朱传华编写基础实验二、三、十二；潘邦龙编写案例实验一、三、五；张婷编写基础实验十一和案例实验八；陈军编写基础实验六。在教材编写过程中，参考了众多学者的相关论著，在此一并表示衷心感谢！同时，感谢中国环境出版集团在本教材出版过程中给予的帮助与辛勤付出！本教程中配套了相关基础数据，感兴趣的读者可联系作者索取！E-mail: ahjzu2022@163.com。

由于作者水平有限，书中难免存在不妥和不足之处，敬请专家和广大读者批评指正！

编　者

2022 年 1 月

目　录

第一部分　基础实验

第二部分　案例实验

第一部分

基础实验

基础实验一

主流 GIS 软件介绍

地理信息系统（Geographic Information System，GIS）是一门实践性较强的课程，学生在学完理论知识后利用软件进行实践操作解决实际问题显得尤为重要。本实验主要介绍国内外主流 GIS 软件的基本情况，包括 SuperMap、MapGIS、ArcGIS 等的特点、操作界面、主要功能和数据格式等。鉴于后续实验的操作以 ArcGIS 为例讲解，因此，本实验重点介绍 ArcGIS 软件的基本情况。

通过本实验，熟悉主流 GIS 软件的基本界面及主要功能，熟悉不同软件采用的数据组织形式及数据格式。

一、SuperMap 软件介绍

1．软件概况

超图集团是全球第三大、亚洲第一大地理信息系统软件厂商。自 1997 年成立以来，超图聚焦地理信息系统相关软件技术研发与应用服务，下设基础软件、应用软件、云服务三大 GIS 业务板块，并构建生态伙伴体系，通过 1 000 余家生态伙伴为数十个行业的政府和企事业单位信息化全面赋能。SuperMap 是二三维一体化的空间数据采集、存储、管理、分析、处理、制图与可视化的 GIS 工具软件，更是赋能各行业应用系统的软件开发平台。

历经 20 多年的技术沉淀，SuperMap 软件构建了云边端一体化的 SuperMap GIS 产品体系，包含云 GIS 服务器、边缘 GIS 服务器、端 GIS 等多种软件产品。丰富和革新了 GIS 理论与技术，为各行业信息化赋能。产品体系如图 1-1-1 所示。

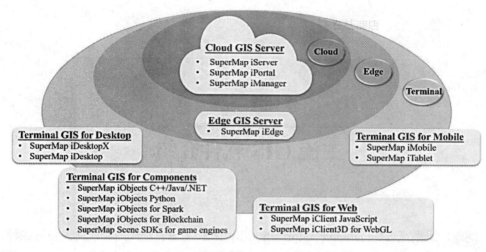

图 1-1-1 SuperMap 软件体系

资料来源：https://www.supermap.com/。

在新版本 SuperMap GIS 10i（2020）中，进一步完善了 GIS 基础软件五大技术体系（BitDC）：即大数据 GIS、人工智能 GIS、新一代三维 GIS、分布式 GIS 和跨平台 GIS 技术体系，见图 1-1-2。

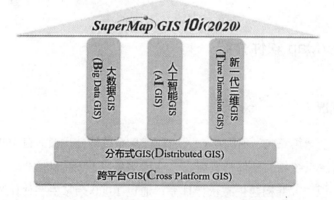

图 1-1-2 SuperMap GIS 10i（2020）技术体系（BitDC）

资料来源：https://www.supermap.com/。

2. 软件的操作界面

软件的操作界面见图 1-1-3，主要菜单栏见图 1-1-4。

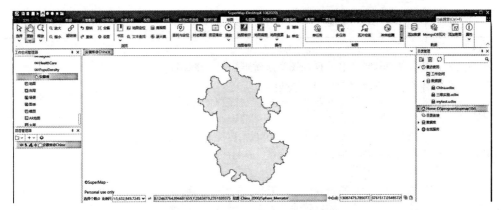

图 1-1-3 SuperMap 的操作界面

图 1-1-4 开始菜单下的主要功能

3. 数据组织与管理

工作空间用于保存用户的工作环境。SuperMap 软件采用*.smwu、*.sxwu 进行数据组织管理，它们为文件型工作空间。数据源由各种类型的数据集组成，*.udb 为该软件的文件型数据源文件。采用文件型数据源（*.udb）进行管理，支持直接双击打开的外部栅格文件（*.png、*.tif、*.img 等）和矢量文件（*.shp、*.mif、*.tab、*.dwg 等），或导入数据源中。

二、MapGIS 软件介绍

1. 软件概况

MapGIS 是通用工具型地理信息系统软件，它是在地图编辑出版系统的 MapCAD 基础上发展起来的，可对空间数据进行采集、存储、检索、分析和图形表示。1991 年，中国第一套彩色地图编辑出版系统——MapCAD 被研制出来。1995 年，微机地理信息系统——MapGIS 被研制出来。2014 年，全球首款云特性 GIS 软件平台——MapGIS 10 面世。MapGIS 10 for Desktop 是一款专业的桌面 GIS 软件，提供了空间数据管理、地图矢量化、数据编辑处理、布局输出、分析处理、三维建模等方面的功能。它由一系列插件组成，根据插件的多寡分为 MapGIS 10 for Desktop 基础版、标准版、高级版。表 1-1-1 列出了插件所包含的功能，以及不同版本所包含的插件。

表 1-1-1　不同版本的功能差异

插件	功能描述	制图版	基础版	标准版	高级版
工作空间插件	提供最基础的工作空间地图目录管理窗口、地图数据视图以及视图的基础操作功能	√	√	√	√
数据管理插件	提供各类空间数据的存储与管理，包括数据库创建、添加、属性编辑、备份、域集/规则的管理等	√	√	√	√
地图编辑插件	提供矢量化、点/线/区编辑、层编辑、属性编辑、误差校正、投影转换、专题图制作、符号/样式库管理等编辑处理功能	√	√	√	√
栅格编辑插件	提供对栅格数据查询、裁剪、镶嵌、重采样、分类、更新、几何校正、图像拉伸、VAT 表编辑、色表编辑、无效值编辑等处理功能		√	√	√
版面编辑插件	提供各类制图要素（指北针、图例、比例尺等）的创建与编辑；提供地图打印、地图输出为图片等功能		√	√	√
三维编辑插件	提供三维建模工具、模型编辑工具及三维分析工具（洪水淹没、坡度/坡向分析、填挖方分析、地形剖切、地形距离量测等）			√	√
地图瓦片插件	提供裁剪地图、制作瓦片的基础功能，包括瓦片裁剪、瓦片更新、瓦片升级、瓦片合并、瓦片浏览			√	√
数据转换插件	提供矢量和栅格数据升级、数据迁移、数据交换等强大的数据操作功能			√	√
属性统计插件	提供聚类分析、回归分析、梯度分析、时间序列分析、趋势面分析、统计相关分析、主成分分析、马尔可夫预测等统计分析方法				√
地图综合插件	提供 30 多种地图综合处理操作，包括多边形合并、化简、小间距/瓶颈/弯曲探测，线要素的化简、光滑、提取、多边形转线、转点、综合质量评价等功能				√
DEM 分析插件	提供丰富的地形分析处理功能，包括地形因子分析、表面分析、可视性分析、水文分析、TIN 转换、各类专题制图（日照晕渲图、密度制图、格网立体图等）				√
影像分析插件	提供常用的影像分析处理功能，包括影像变换（波段合成、波段分解、小波变换、影像二值化等）、影像分析（纹理分析、FFT 编辑、数学形态学等）、影像分类（监督分类、非监督分类、决策树分类、混合像元分解等）功能				√
网络分析插件	提供基于网络类数据的基础编辑工具、拓扑编辑工具、基础网络分析（连通性分析、追踪分析、路径分析）和应用类分析（查找最近设施、查找服务范围、多车送货、定位分配）				√

　　2018 年 7 月 27 日，MapGIS 10.3 全空间智能 GIS 平台在 2018 年中国地理信息产业大会"全空间智能 GIS 创新技术与应用论坛"发布。MapGIS 10.3（X64）采用 64 位应用程序框架和全新的 Ribbon 风格功能界面，在使用更大内存的同时还可以更充分地利

用 CPU 计算资源，更快地完成大数据的可视化和分析处理操作。目前，最新产品为 MapGIS 10.5 Pro 端产品：依托云平台强健的功能支撑，拥有桌面端、WEB 端、移动端、组件端多个通用工具产品及系列开发 SDK，满足用户即拿即用和个性化的扩展开发需求。产品体系见图 1-1-5。MapGIS 10.5 Pro 基于统一的跨平台内核，无缝延续 MapGIS 10.5，承载 MapGIS 10.5 Pro 九州全国产化 GIS 平台和 MapGIS 10.5 Pro 全空间智能 GIS 平台两大自主可控产品，实现全国产化体系架构和 X86 系统架构的"双轮驱动"。全面提升全国产化技术、全空间技术、地理大数据技术和智能 GIS 技术。

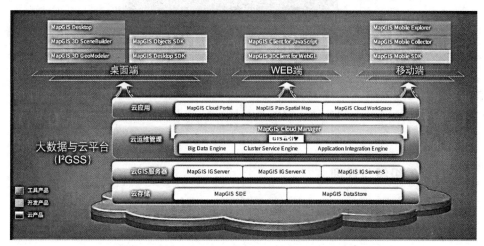

图 1-1-5　MapGIS 10.5 Pro 产品体系结构

资料来源：http://www.mapgis.com/。

2．软件的操作界面

软件的界面如图 1-1-6、图 1-1-7 所示。

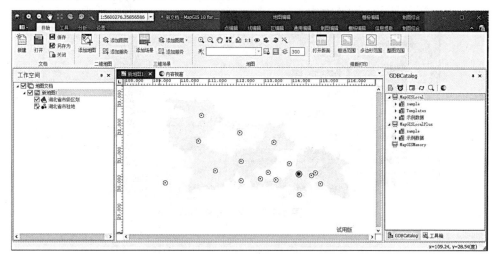

图 1-1-6　MapGIS 10.5 Pro 软件界面

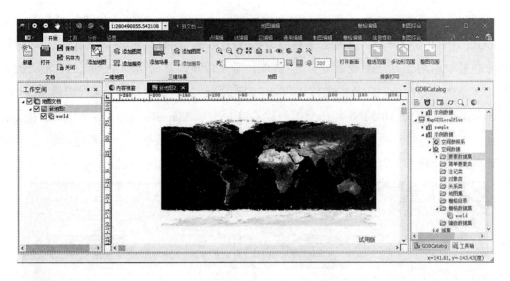

图 1-1-7　MapGIS 10.5 Pro 软件界面

3. 数据的组织与管理

MapGIS 软件的数据采用分类管理：栅格数据、简单要素类（点、线、区）、对象类、注记类、关系类、元数据等。空间分析功能的主界面见图 1-1-8，工具箱菜单见图 1-1-9，分析菜单下功能见图 1-1-10。

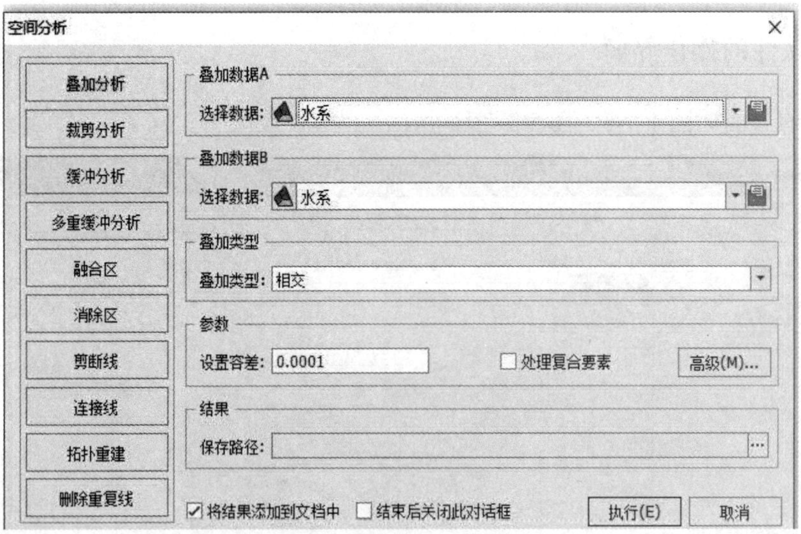

图 1-1-8　空间分析界面

图 1-1-9 工具的二级菜单功能界面

图 1-1-10 分析的二级菜单功能界面

三、ArcGIS 软件介绍

1. 软件概况

ArcGIS 由美国环境系统研究所（ESRI）开发，具有较长的发展历史。ArcGIS 系统的早期版本核心软件为 Arc/info。1992 年，轻量级软件 ArcView 面世。该软件使用了称为 Shape 文件的一种更为简单的数据模型。

本实验教程重点介绍桌面产品。ArcGIS Desktop 发布于 2001 年，综合了 Arc/info 系统的强大功能和 ArcView 系统的易用界面特点。主要有 ArcMap、ArcGlobe、ArcScene 三个主要部分。ArcMap 提供显示、分析与编辑空间数据和数据表的方法。2010 年，ESRI 推出 ArcGIS 10，这是全球首款支持云架构的 GIS 平台，在 Web 2.0 时代实现了 GIS 由共享向协同的飞跃；同时 ArcGIS 10 具备了真正的 3D 建模、编辑和分析能力，并实现了由三维空间向四维时空的飞跃；真正的遥感与 GIS 一体化让 RS+GIS 价值凸显，实现了五大飞跃：协同 GIS、一体化 GIS、云 GIS、时空 GIS 和三维 GIS。2013 年 7 月，发布 ArcGIS 10.2。目前，ArcGIS Desktop 最新版本为 10.8，自 10.0 后，操作界面基本保持不变。此外，2014 年，ESRI 发布了完全重新设计的一款 ArcGIS 桌面产品——ArcGIS Professional，简称 ArcGIS Pro。采用 64 位多线程结构 Ribbin 风格的菜单界面，集成二维与三维应用。其功能逐渐丰富，其性能较 Desktop 版本更加优越。

2．操作界面

（1）ArcMap

ArcMap 是 ArcGIS Desktop 中常用的应用程序，用于数据输入、编辑、查询、分析等操作，可提供地图制图、地图编辑、空间分析等功能。软件界面：主要由主菜单、工具条、内容列表、目录窗口（主体）和状态条等五部分组成，如图 1-1-11 所示。

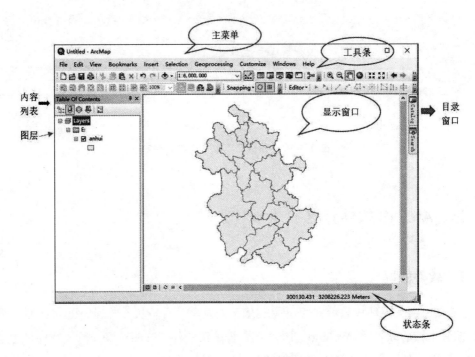

图 1-1-11　ArcMap 软件界面

（2）ArcScene

ArcScene 是 ArcGIS 桌面系统中的 3D 分析展示界面，用于展示三维场景、进行数据的三维可视化和分析。通过提供相应的高度信息、要素属性、图层属性或三维表面，能实现以三维立体的形式显示要素对象。具有管理 3D GIS 数据、进行 3D 分析、编辑 3D 要素、创建 3D 图层以及将二维数据生成 3D 要素等功能。界面如图 1-1-12 所示。

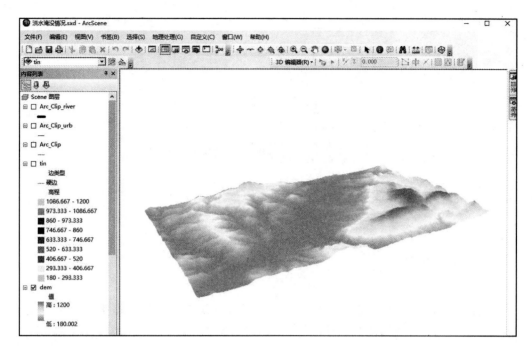

图 1-1-12 ArcScene 软件界面

3．数据的组织与管理

ArcMap 采用地图文档进行数据图层的组织，地图文档相当于一个数据的容器。地图文档是一种扩展名为*.mxd 的数据文件。地图文档存储的不是实际数据，而是实际数据存储于硬盘上的指针和有关地图显示的信息。地图文档在保存时有两种方式：绝对路径和相对路径。

在创建了地图文档后，可以根据需要来加载不同的数据图层。数据图层的主要类型有 ArcGIS Geodatabase 中的要素，矢量数据 Coverage、TIN 和栅格数据 Grid、Shapefile、AutoCAD 的数据 DWG，栅格数据 IMG、DEM 等。

ArcGIS 主要有 Shapefile、Coverage 和 Geodatabase 三种数据组织方式。Shapefile 至少包含 3 个文件：存储空间数据的 Shape 文件、存储属性数据的 dBase 表和存储空间数据与属性数据关系的.shx 文件。如果 Shapefile 文件不存储拓扑关系、投影信息和地理实体的符号化信息，仅存储了数据的几何特征和属性信息，则可以对 Shapefile 数据进行定义投影和构建空间索引等操作，在同一文件夹下会生成不同扩展名的文件，如*.prj 用于存储坐标系的信息。

基础实验二
空间数据浏览与管理

一、实验要求

了解 ArcGIS 的数据组织和管理方式，以及 ArcGIS 空间数据格式；掌握使用 ArcCatalog 模块浏览查看空间数据的方法；熟练掌握在 ArcMap 模块中对空间数据图层的基本操作。

二、实验基本背景

空间数据不同于普通数据文件，其有着自己的数据格式及组织方式，需要使用 GIS 等空间信息系统软件对其进行浏览和管理。ArcGIS 平台的 ArcCatalog 模块具有空间数据浏览和管理功能：能够浏览各种矢量数据，如 ESRI Shapefile、ArcInfo Coverage、Geodatabase 等格式的矢量数据，也支持 CAD 等矢量格式；能够查看各种栅格数据，如 ESRI GRID 格式以及各种普通图片格式（如 JPEG、TIFF、BMP 等）的数据，同时能操作由不规则三角网构建的 TIN 数据集。ArcMap 模块则具有空间数据编辑和地图文档制作等功能。

三、实验内容

本实验主要介绍利用 ArcGIS 进行空间数据浏览、图层操作等的方法，理解 ArcGIS 空间数据格式。

①在 ArcCatalog 中浏览数据。

②在 ArcMap 中进行地图基本操作。

四、实验数据

本实验数据详见表 1-2-1。

表 1-2-1 本实验数据属性

数据	文件名称	格式	说明
1	安徽省县级行政区边界	.mxd	地图文档文件
2	安徽省县界	.shp	Shape 面文件
3	县城驻地	.shp	Shape 点文件
4	主要公路	.shp	Shape 线文件
5	主要河流	.shp	Shape 线文件
6	主要湖泊	.shp	Shape 面文件

五、实验主要操作过程及步骤

1．在 ArcCatalog 中浏览数据

第一步：启动 ArcCatalog。单击 Windows 工具栏上的【开始】按钮，指向【所有程序】菜单项，打开【ArcGIS】文件夹，单击【ArcCatalog 10.1】选项，如图 1-2-1 所示，启动 ArcCatalog。

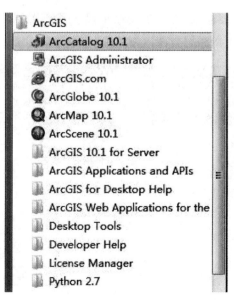

图 1-2-1 启动 ArcCatalog

ArcCatalog 打开后，可以看到 ArcCatalog 窗口分为两个部分，如图 1-2-2 所示，窗口左侧的【目录树】用来组织和浏览 GIS 数据，目录中当前选中的内容则显示在目录树窗口的右面。

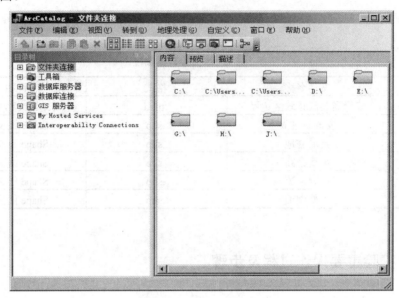

图 1-2-2　ArcCatalog 主界面

第二步：浏览数据。如果需要了解【目录树】中子目录的详细信息，可以单击【内容】、【预览】或【描述】按钮，这样就可以以不同方式来浏览数据。选中【E：\】根结点，单击"+"标记，显示结点中的内容，ArcCatalog 窗口右侧可以查看其具体内容。依次展开至【实验教材\实验数据\实验二\Anhui】这个子目录中，右侧窗口显示其包含了 1 个地图文档和 5 个矢量图层文件，如图 1-2-3 所示。

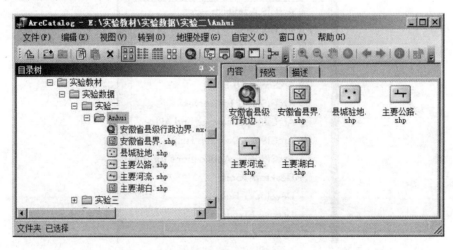

图 1-2-3　文件夹下数据内容

可以通过三种不同形式浏览文件夹中数据的详细信息。例如，选中"安徽省县界.shp"，则【内容】视图下数据显示如图 1-2-4 所示。

图 1-2-4 【内容】视图

【预览】视图中可以显示"地理视图"和"表"，其中"地理视图"显示数据的图形（图 1-2-5），而"表"显示的是图形相关的属性数据（图 1-2-6）。

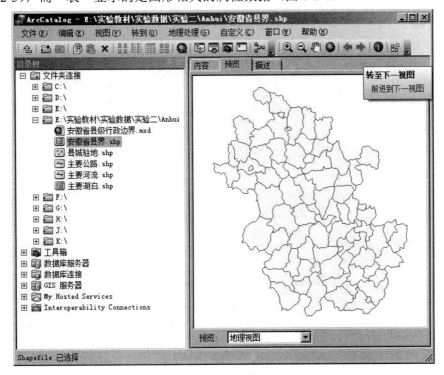

图 1-2-5 图形数据

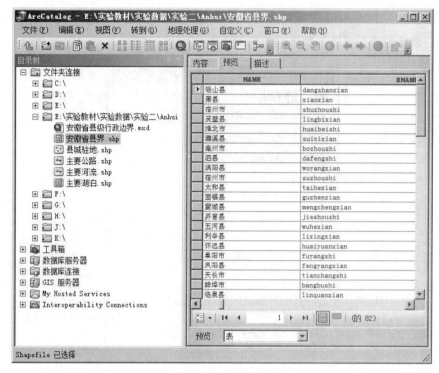

图 1-2-6　属性数据

【描述】视图显示该数据的元数据信息，如图 1-2-7 所示。

图 1-2-7　空间数据元数据信息

第三步：与数据建立连接。本实验所使用的数据存放在【E：\实验数材\实验数据\实验二\Anhui】文件夹下，为了快捷地访问数据，可以通过文件夹连接（Connect to Folder）

将该文件夹显示在【文件夹连接】结点下。单击标准工具栏中 Connect to Folder 按钮 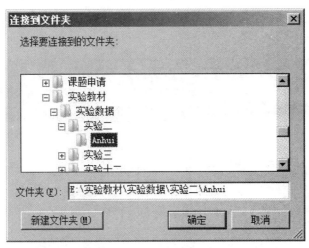，

打开【连接到文件夹】对话框（图 1-2-8），浏览到存放实验数据的文件夹后，点击【确定】按钮。

图 1-2-8 【连接到文件夹】对话框

新的连接建好后，在 ArcCatalog【目录树】中【文件夹连接】结点下显示为一个子结点，如图 1-2-9 所示。

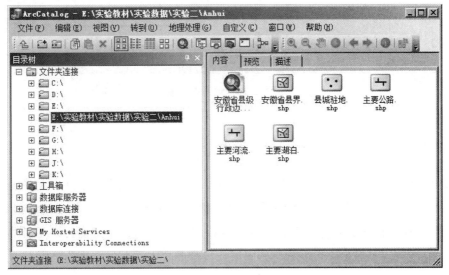

图 1-2-9 新建文件夹连接

第四步：理解地图与图层。地图和图层是 ArcGIS 中组织和显示数据的重要方式。与纸质地图不同，电子地图上的数据是以图层的形式进行组织，并以特定的顺序进行编

排的。图层确定了如何组织地理要素,并将其绘制到地图上。图层也是指向地图数据实际存放位置的快捷方式,而且地图数据和地图并不需要存放在同一个地方。在本实验中,"安徽省县级行政边界.mxd"地图和其包含的图层文件数据存储在相同文件夹里。

第五步:查看地图的缩略图。在【目录树】下选择"安徽省县级行政边界.mxd"地图,在右侧窗口选择【预览】选项卡时,将会显示该地图数据的缩略图,如图 1-2-10 所示。

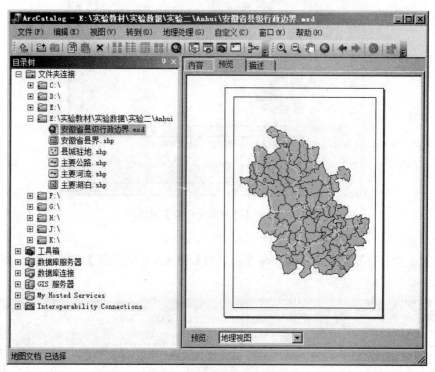

图 1-2-10　地图缩略图

2．在 ArcMap 中进行地图基本操作

ArcMap 是一种创建、浏览、查询、编辑、组织和发布地图的工具。大多数地图都可同时显示某个地区某一时期的多种信息,例如,本实验中的"安徽省县级行政边界.mxd"地图中包含了 4 个图层:"县城驻地"、"主要河流"、"主要公路"和"安徽省县界"。在【内容列表】中可看到这些图层,每个图层上都有一个复选框用于图层的开启与关闭,如图 1-2-11 所示。

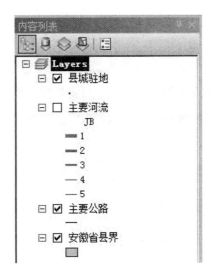

图 1-2-11 内容列表中的图层

在图层中，符号用来表示地理要素。在较大的空间尺度下，县城驻地用点来表示，主要公路和河流用线来表示，县界用面来表示。每个图层指向一个真实数据，如图 1-2-12 所示，"县城驻地"图层的数据源为"Anhui"文件夹下的"县城驻地.shp"文件。

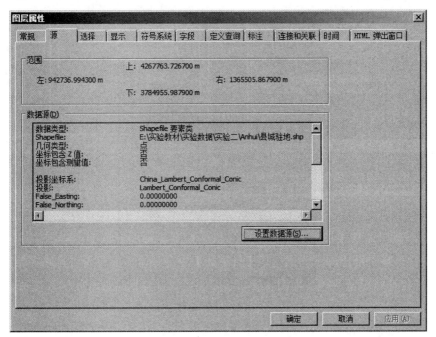

图 1-2-12 图层数据源

（1）浏览地图

用户可以使用多种方式浏览地图，常用的工具在【Tools】工具条里都能找到，ArcMap 中的标准工具栏如图 1-2-13 所示。使用这些工具可以浏览地图、查找要素，以及获得相关信息。如果想详细了解地图中的某个地区，可以将地图放大。

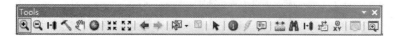

图 1-2-13　标准工具栏

第一步：放大显示。单击放大按钮，在一个县城驻地点的周围拉一个框，就可以把其所在区域的地图放大，地图会放大为一张新的地图。当单击返回按钮 后，就会回到原来的地图区域。

第二步：识别要素。选用识别（Identify Features）工具 单击一个地理要素，Identify Results 窗口就会弹出。可以观察窗口中显示的该要素的属性内容。当 Identify Features 工具检测到点击位置存在多个要素时，它会将每个要素名称都显示在 Identify Results 窗口的上部，只要点击要素名称，在窗口的下部就可以看到该要素的属性内容，如图 1-2-14 所示。

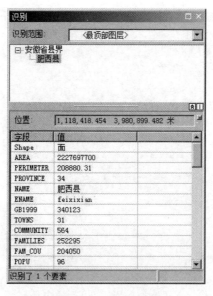

图 1-2-14　识别窗口

第三步：显示全图。如果地图已被放大，而希望看到整幅地图，用户可以很轻松地将地图缩小到全图显示的状态。单击全图按钮，可以看到地图的全部范围，在标准工具栏中，可以看到地图的比例尺大约为 1∶3 888 322（数字大小取决于屏幕的设置以及

ArcMap 窗口的大小）。如果地图的比例尺不是 1∶3 888 322，可在下面的文本框中输入
1∶28 123 926，然后按 Enter 键，如图 1-2-15 所示。

图 1-2-15　显示当前比例尺

第四步：定位要素。使用查找按钮 ，可以在地图中定位所有符合查询条件的地理
要素。

①单击【查找】按钮。

②点击后弹出【查找】对话框，在特定的图层或者全部图层中查找要素。在【查找】
对话框中输入"肥东"；单击【范围】图层下拉列表框，选择"安徽省县界"；最后单击
【查找】。查找到的"肥东"就显示在要素列表中，如图 1-2-16 所示。

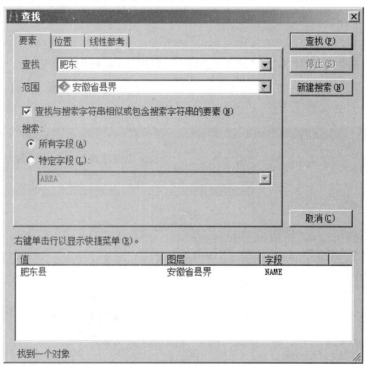

图 1-2-16　查找窗口

③右击"肥东县"，并选择【缩放至（Z）】，地图将放大肥东县所在区域，如图 1-2-17
所示。

④单击【取消】按钮，关闭【查找】对话框。

图 1-2-17 查找空间对象

（2）添加数据

ArcMap 提供了多种将数据添加到地图的方式，可以使用标准工具条的添加按钮，也可以通过【文件（F）】—【添加数据（T）】—【添加数据（T）】，如图 1-2-18 所示，还可以在右侧目录下直接选择数据，按住鼠标左键将数据拖拽到地图区域。

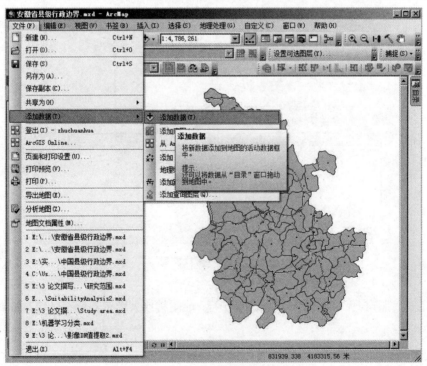

图 1-2-18 添加数据菜单

例如，通过菜单操作打开【添加数据】对话框，浏览到"Anhui"文件夹，选择"主要湖泊.shp"文件，点击【添加】按钮，如图 1-2-19 所示。

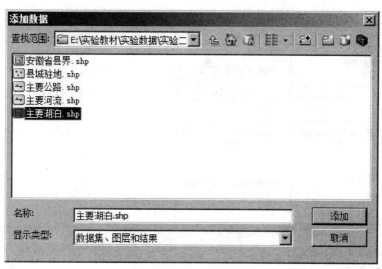

图 1-2-19 【添加数据】对话框

通过【文件（F）】—【保存（S）】，保存对地图文档的更改，如图 1-2-20 所示。

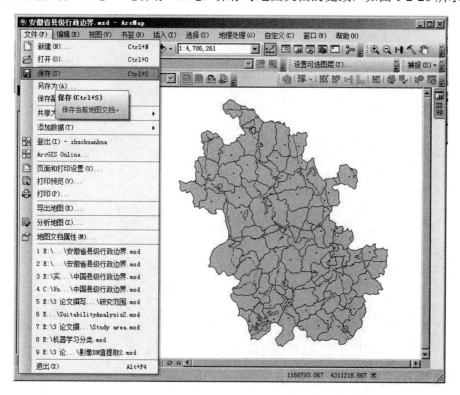

图 1-2-20 保存地图文档

通过【文件（F）】—【新建（N）】，新建空白地图文档，如图 1-2-21 所示，添加数据后保存。

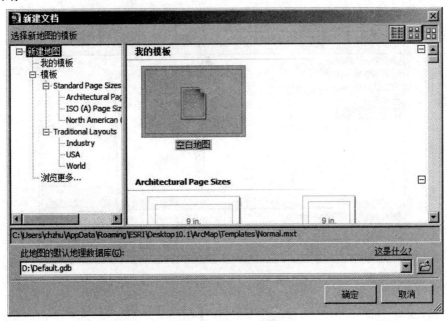

图 1-2-21　新建地图文档

基础实验三

地图配准及坐标系变换

一、实验要求

了解地图配准的意义及坐标系变换的基本原理；掌握地图坐标系设置及坐标系变换的基本方法；熟练掌握在 ArcGIS 中进行地图配准的主要方法和基本操作流程。

二、实验基本背景

纸质地图数字化是获取空间数据的主要方式之一，纸质地图经过扫描成为栅格图像，如保存为.jpg 格式，可以用作矢量数据采集工作的参考底图。由于扫描图片缺乏真实的地表空间位置坐标系或者只是具有计算机的屏幕坐标，因此需要通过实际点的真实坐标为栅格数据指定一个参考坐标系，此过程称为地图配准。

ArcGIS 中的地图具有严格的空间框架，其应用坐标系来定义地图的空间位置，ArcGIS 中的坐标系主要包括地理坐标系和投影坐标系，系统预定义部分常见的地理坐标系和投影坐标系，用户也可以自定义坐标系。在实际应用中，往往由于数据的来源不同从而导致地图数据的坐标系不一致，因此，需要经常对不同坐标系的图层进行坐标系间的相互变换。

三、实验内容

1. 地图配准

主要介绍栅格图片和矢量数据间的配准，其中矢量数据具有空间坐标系，而栅格图片没有坐标系，通过 ArcMap 中的地理配准工具栏实现地图配准。

2．坐标设置与变换

主要介绍 ArcGIS 中的地图投影，即地理坐标向投影坐标转换，包括地理坐标转换到 ArcGIS 预定义投影坐标和自定义投影坐标等内容。

四、实验数据

本实验数据详见表 1-3-1。

表 1-3-1　本实验数据属性

数据	文件名称	格式	说明
1	合肥市区地图	.png	合肥市区百度地图截图
2	控制点	.txt	控制点地理坐标
……			

五、实验主要操作过程及步骤

1．地理配准

第一步：添加数据。打开 ArcMap 软件，添加数据"合肥市区地图.png"，会出现提示框【未知的空间参考】，即缺少空间参考，请忽略提示框，如图 1-3-1 所示，点击【确定】将.png 图片加载到数据窗口中，如图 1-3-2 所示。

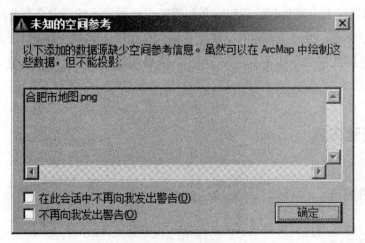

图 1-3-1　空间参考提示框

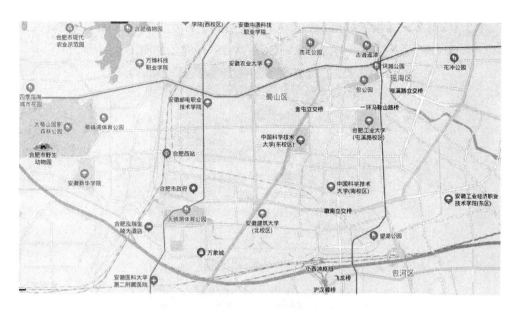

图 1-3-2　未配准的合肥市区地图（局部）

第二步：加载【地理配准】工具条。在工具栏空白处右键单击，找到【Georeferencing】
菜单，点击【勾选】，在工具栏处添加【地理配准】工具条，如图 1-3-3 所示，其中 按
钮为添加控制点按钮， 按钮为控制点属性信息按钮。

图 1-3-3　【地理配准】工具条

第三步：添加控制点。事先在百度地图坐标拾取系统（http：//api.map.baidu.
com/lbsapi/getpoint/index.html）获取控制点（有特征的点，如道路交口）的坐标，记录
控制点经纬度数据，保存为"控制点.txt"文件，如图 1-3-4 所示。控制点的选取要大于
5 个，并且均匀分布于地图范围内。

图 1-3-4　控制点坐标

通过【文件】—【添加数据】—【添加 XY 数据】打开"控制点.txt"文件，并点击【编辑（E）】按钮输入控制点的坐标系：GCS_WGS_1984，如图 1-3-5 所示。

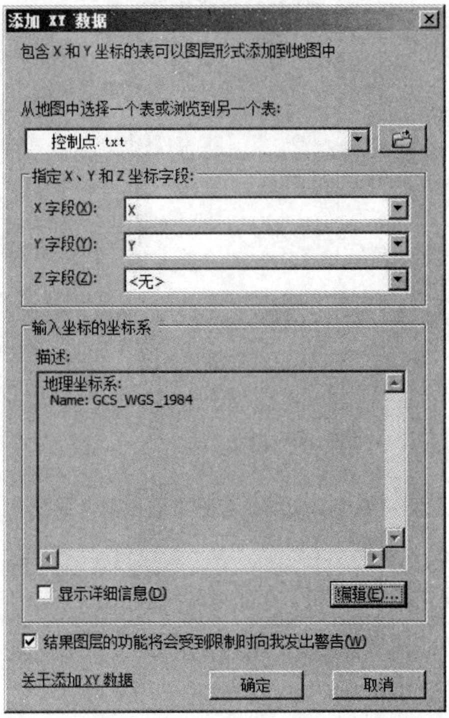

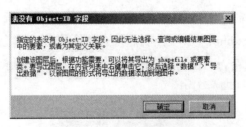

图 1-3-5 【添加 XY 数据】对话框

当出现【表没有 Object-ID 字段】提示框时，点击【确定】按钮忽略，如图 1-3-6 所示。

图 1-3-6 Object-ID 字段提示框

选择【控制点】图层，单击右键菜单【缩放至图层】，然后将控制点符号设置为红三角形，如图 1-3-7 所示。

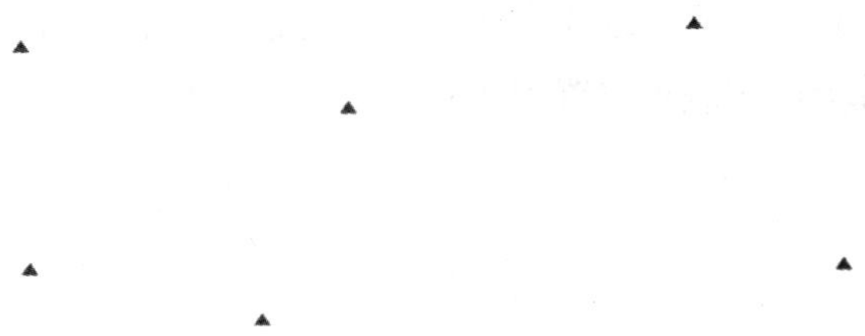

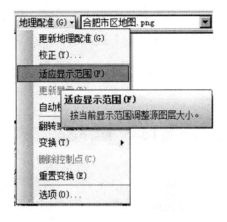

图 1-3-7　控制点视图

选择【地理配准（G）】下拉菜单中的【适应显示范围（F）】（图 1-3-8），将"控制点"图层和"合肥市区地图"图层显示到同一视图，如图 1-3-9 所示。

图 1-3-8　适应显示范围菜单

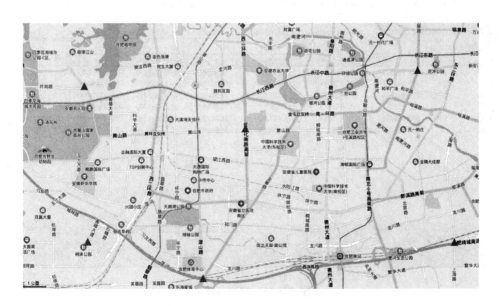

图 1-3-9　多图层同一视图显示

选择【控制点】图层，点击左键菜单中的【标注要素】。点击【地理配准】工具栏中的 ✎ 按钮，将图片上的控制点位置和实际点匹配，其中绿色点表示图上点，红色点表示实际点，如图 1-3-10 所示。

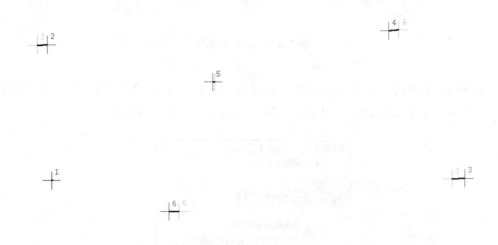

图 1-3-10　控制点匹配

第四步：误差验证。单击 按钮查看链接表中每个链接的残差及 RMS 总误差，如果误差小于阈值（如 0.1）则配准完成，否则选中残差过大的链接，通过 按钮删除，重新匹配控制点，直到满足条件为止。 按钮可保存控制点信息，存储为.txt 格式文本文件； 按钮可打开已保存的控制点文件，如图 1-3-11 所示。

链接	X 源	Y 源	X 地图	Y 地图	残差 x	残差 y	残差
1	148.756515	-464.198921	117.191652	31.808690	-0.000448742	0.00013202	0.000467759
2	409.095962	-540.916397	117.239909	31.796384	-0.00432057	-0.000374173	0.00433674
3	974.541184	-465.403810	117.359958	31.809672	0.00557786	0.000305046	0.00558619
4	889.717323	-91.643433	117.328769	31.868079	-0.00420345	-0.000207643	0.00420858
5	503.355235	-218.976114	117.257767	31.847714	-0.000901348	2.60222e-006	0.000901352
6	137.797450	-123.831204	117.189927	31.862436	0.00429626	0.000142148	0.00429861

RMS 总误差(E): Forward:0.00381301

☑ 自动校正(A)　　　　变换(T):　　一阶多项式(仿射)

☐ 度分秒　　　Forward Residual Unit : Unknown

图 1-3-11　控制点链接

第五步：重采样。在【地理配准（G）】工具条下拉菜单，点击【校正（Y）】（图 1-3-12），弹出【另存为】对话框，可以选择不同的方法对原图片重新采样，另存为新的图片文件（图 1-3-13）。

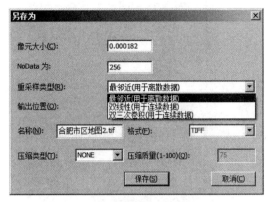

图 1-3-12　校正菜单　　　　　　　　　图 1-3-13　另存为新图片对话框

配准后的新图片文件如图 1-3-14 所示。

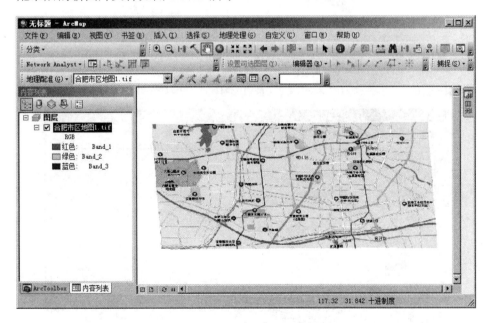

图 1-3-14　已配准的合肥市地图（局部）

选中图层，通过右键菜单查询【图层属性】时，发现其空间参考为"GCS_WGS_1984"（图 1-3-15），经配准后的新图片已经具有和控制点相同的坐标系。

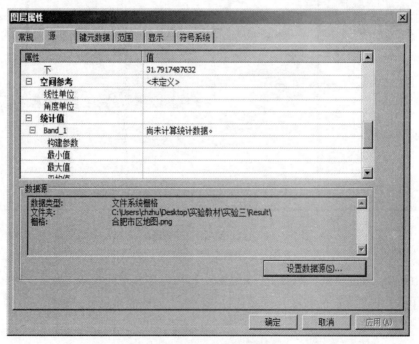

图 1-3-15　图层属性——空间参考

2．坐标设置

假设图层的空间参考为"未定义"（图 1-3-16），可以手动设置该图层的坐标系。

图 1-3-16　图层属性

在【目录树】选择【工具箱】—【系统工具箱】—【Data Management Tools】—【投影和变换】—【定义投影】，弹出对话框，如图 1-3-17 所示。

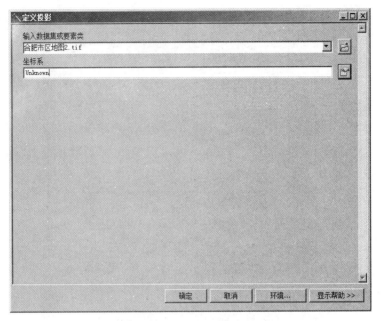

图 1-3-17　【定义投影】对话框

单击坐标系文本框后选择按钮，弹出【空间参考属性】对话框（图1-3-18），选择"地理坐标系"—"World"—"WGS 1984"坐标系。

图 1-3-18　【空间参考属性】对话框

在对话框的下半部分文本框内显示了"WGS 1984"坐标系的信息，包括名称和参数信息（图1-3-19），确认后点击【确定】按钮。

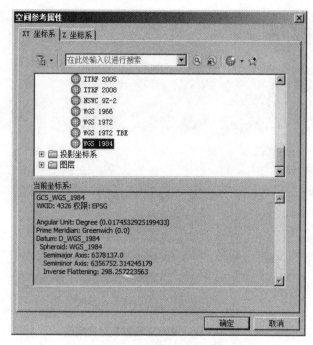

图 1-3-19　预定义的坐标系

点击【确定】按钮进入定义投影处理进程（图1-3-20）。处理完成后，选择图层，弹出右键菜单，选择【属性】菜单查看图层属性，发现空间参考已设置为 GCS_WGS_ 1984，如图 1-3-21 和图 1-3-22 所示。

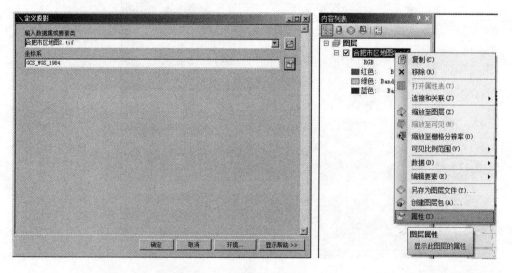

图 1-3-20　定义投影　　　　　　　　　　图 1-3-21　查看图层属性

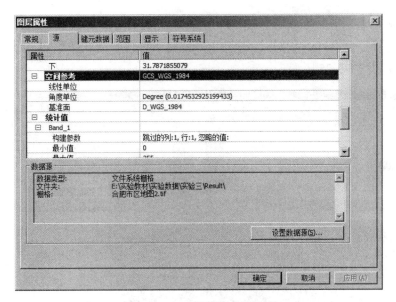

图 1-3-22　查看图层空间参考

3．坐标变换

坐标变换一般是指将地理坐标系转换到投影坐标系。

（1）转换到内置坐标系

在目录树选择【工具箱】—【系统工具箱】—【Data Management Tools】—【投影和变换】—【栅格】—【投影栅格】，如图 1-3-23 所示。

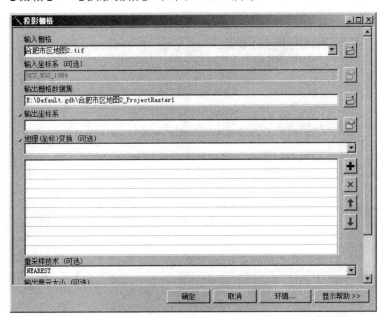

图 1-3-23　【投影栅格】对话框 1

单击输出【坐标系选择】按钮，打开【空间属性参考】对话框，选择【投影坐标系】—"UTM"—"WGS 1984"—"North Hemisphere"—"WGS 1984 UTM Zone 50N"，如图 1-3-24 和图 1-3-25 所示。

图 1-3-24　空间参考属性 1　　　　　　图 1-3-25　空间参考属性 2

其中，"WGS 1984 UTM Zone 50N"为内置坐标系。另外，因为输出坐标系的地理坐标系和输入坐标系一致，所以【地理（坐标）变换（可选）】为非必填项，如图 1-3-26 所示。点击【确定】按钮完成坐标转换。

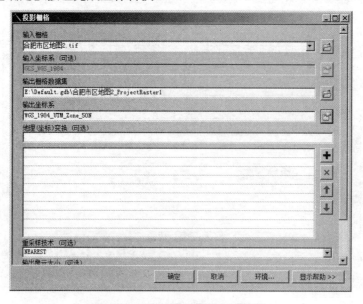

图 1-3-26　【投影栅格】对话框 2

输出坐标系选择【投影坐标系】—"Gauss Kruger"—"Xian 1980"—"Xian 1980 3 Degree GK Zone 39"后，如图 1-3-27 所示。

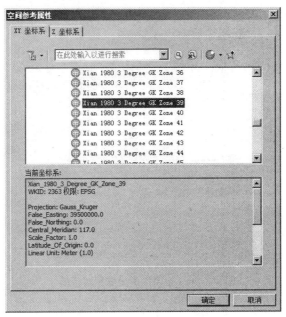

图 1-3-27　空间参考属性 3

【地理（坐标）变换（可选）】为必填项，选项下拉按钮浏览"WGS 1984 to Gauss Kruger"，但 ArcGIS 中没有预设这两种地理坐标系之间的转换参数（图 1-3-28），所以需要自定义坐标系。

图 1-3-28　地理（坐标）变换

（2）转换到自定义坐标系

自定义投影坐标系是用户自己定义一种投影坐标系。在【空间参考属性】对话框中选择新建投影坐标系，弹出新建投影坐标系对话框，如图 1-3-29 所示。

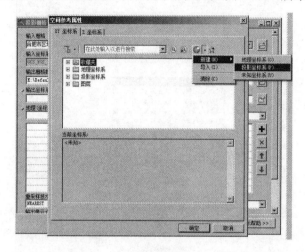

图 1-3-29　新建投影坐标系对话框 1

在【投影坐标系属性】对话框（图 1-3-30）中输入自定义参数，地理坐标系默认为"GCS_WGS_1984"，与输入数据地理坐标系一致，不变。投影选择为"Gauss-Kruger"，输入其参数的值，如"False_Easting：50000m"；"Central_Meridian：117 degree"，与实际点所处投影带参数保持一致，如图 1-3-31 所示。点击【确定】完成新建投影坐标系。

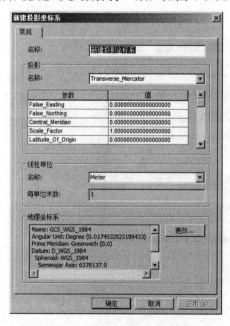

图 1-3-30　新建投影坐标系对话框 2

图 1-3-31　参数设置

在【投影栅格】对话框中，【输出坐标系】选择自定义投影坐标系"zbx"后，【地理（坐标）变换（可选）】为非必填项，如图 1-3-32 所示。点击【确定】按钮完成坐标转换。

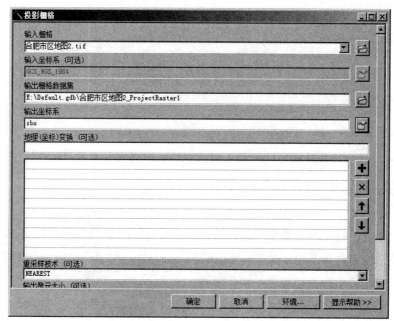

图 1-3-32　【投影栅格】对话框

基础实验四

地图数字化

一、实验要求

了解栅格地图转化为计算机可识别的图形数据（数字信号）的基本原理；掌握 ArcGIS 中基本的地图编辑处理方法；重点掌握编辑工具的功能，熟悉在编辑工具中进行点、线、面等矢量数据的采集输入和编辑的操作步骤。

二、实验基本背景

地图数字化（Map Digitizing）是空间数据采集的重要组成部分。地图数字化主要指将传统的纸质或其他材料上的地图（模拟信号）转换为计算机可识别的图形数据（数字信号）的过程，以便于计算机地图存储、分析和制图输出。地图数字化又称矢量化，其采集图形数据的手段主要有基于数字化仪的数字化和基于软件的屏幕跟踪数字化等方式。

数字化主要以坐标存储图形，其精度高，当放大或缩小显示时，地图信息不会发生失真，并且用户可以很方便地在地图上编辑各个地物，将地物归类，以及求解各地物之间的空间关系，有利于地图的浏览、输出。矢量图形的地图数据在工业制图、土地利用、规划设计、公共事业管理等部门和行业的应用较为广泛。

三、实验内容

利用 ArcGIS 软件对栅格图像（数字化底图）进行屏幕跟踪数字化。根据用户对底图数字化的需要进行要素分层，然后在 Catalog 中创建不同要素图层，最后利用编辑工具的相关功能将底图上需要的地理要素数字化后存入相应的图层，完成地图数据的矢量

化工作。实验内容包括:

①地理信息数据库的建立。

②设置编辑环境及工具。

③创建要素。

④标注转换为注记。

四、实验数据

本实验数据详见表 1-4-1。

表 1-4-1 本实验数据属性

数据	文件名称	格式	说明
1	××大学高清影像图	.tif	栅格数据

五、实验主要操作过程及步骤

仔细研读待矢量化的栅格地图,了解地图上的相关要素,根据内容进行分类,为分层矢量做准备,如该图中是否具有道路及其附属设施、房屋及其附属设施、河流、湖泊、独立地物等对象。分层时需确定哪些要素对应点文件、哪些要素对应线文件、哪些要素对应面文件。最后,据此确定要建立的图层名称和类型。

1. 地理信息数据库的建立

第一步:启动 ArcCatalog,在指定的目录"…\实验数据\chp4\result"下,鼠标右击,在【新建】中,选择【个人地理数据库】,并修改数据库的名称"school digitizing.mdb"。

第二步:向"school digitizing.mdb"数据库中添加要素类。右键点击该数据库,在【新建】中,选择【要素类】,在【新建要素类】向导框中依次输入名称、坐标系、XY容差,完成要素类的建立。

创建校车停靠点"stops.shp"点要素,步骤如下:输入要素【名称】、选择【要素类型】,如图 1-4-1 所示。复选框【坐标包含 M 值(M)】表示 shapefile 将存储表示路线的折线;复选框【坐标包含 Z 值(Z)】表示 shapefile 将存储三维要素。点击【下一步】。

【选择将用于此数据中的 XY 坐标的坐标系】,地理坐标系使用地球表面模型的经纬度坐标。而投影坐标系采用数字转换方法将经度和纬度坐标转换为二维线性系统,如图 1-4-2 所示。点击【下一步】。

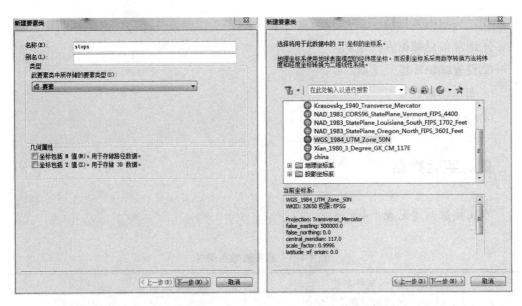

图 1-4-1　点要素类文件的建立　　　　　　图 1-4-2　选择坐标系

【XY 容差】是指坐标之间的最小距离，如果坐标之间的距离在此范围内，则会被视为同一坐标。计算要素之间的关系时将用到 XY 容差。如图 1-4-3 所示。

【字段】要添加新字段，要在"字段名称"列的空行中输入名称，单击"数据类型"列选择数据类型，然后编辑"字段属性"。如图 1-4-4 所示。

单击【确定】，完成点要素类的创建。

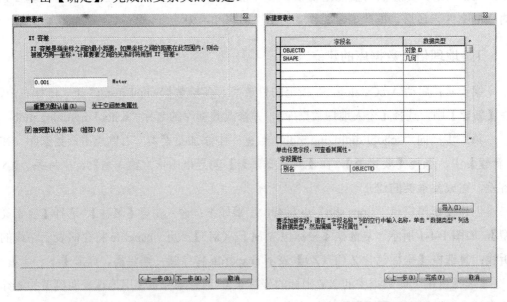

图 1-4-3　XY 容差的设置　　　　　　图 1-4-4　属性表字段建立

相同的步骤创建校园道路线要素类"path.shp"（图 1-4-5），创建校园面要素类"polygon.shp"（图 1-4-6）。

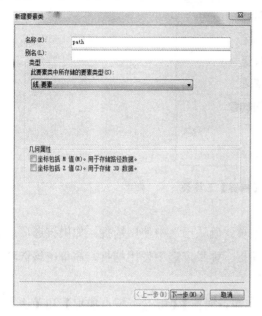

图 1-4-5 线要素类文件的创建

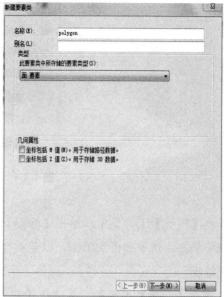

图 1-4-6 面要素类文件的创建

2．设置编辑环境及工具

创建要素时要用到【编辑器】工具，需要先进行编辑环境的设置，如选择设置、捕捉设置、单位设置等，以提高空间数据编辑的效率和准确性。

（1）选择设置

选择设置是指在使用选择工具时，指定哪些图层可以被选择，从而保证不受非目标数据的干扰，提高编辑数据的准确性。选择设置包括图层的可选性设置和可见性设置两种。

图层的可选性设置，在内容列表中单击按钮 ⚒，切换到按选择列出视图，视图中列出当前可选图层和不可选图层的集合。单击列表中按钮 ☑，可切换图层的可选性。图层的可见性设置可使某些图层在视图中不可见，提高选择和捕捉的效率。在内容列表中单击按钮 ☜，取消选择图层名称前面的复选框即可使该图层不可见。

（2）捕捉设置

在【编辑器】工具条上，单击【编辑器】—【捕捉】，加载【捕捉】工具条，如图 1-4-7 所示。

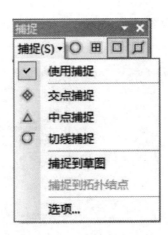

图 1-4-7　【捕捉】工具条

在【捕捉】工具条中，单击【捕捉】菜单，确认已选中使用捕捉。如果该选项已处于选中状态，请不要再次单击，以免关闭捕捉。如果未选中使用捕捉，需单击该选项以启用捕捉。

查看【捕捉】工具条，并确认【端点　端点捕捉】【折点　折点捕捉】和【边　边捕捉　捕捉类型】均处于激活状态。如果未启用，请单击各个按钮以启用这些捕捉类型。如果未启用，请单击各个按钮以启用这些工具。

单击【捕捉】菜单，然后单击【选项】。可以通过此对话框指定 ArcMap 中的捕捉设置。确保捕捉容差至少为 10 个像素。如图 1-4-8 所示。

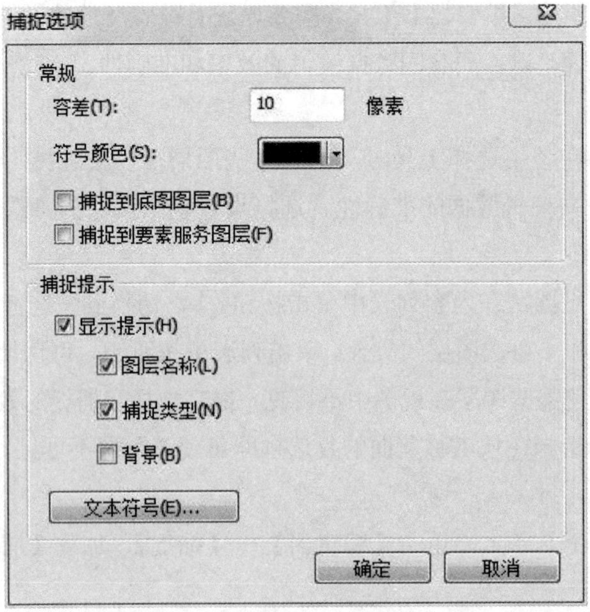

图 1-4-8　【捕捉选项】对话框

捕捉【容差】是一个特定距离，在此距离之内指针或要素将被捕捉到另一个位置。如果作为捕捉目标的元素（如折点或边）位于设定的距离范围内，则指针将自动捕捉到该位置。

【捕捉提示】中，显示提示、图层名称、捕捉类型和背景的复选框。大多数情况下，可能只需选中背景，因为其他选项在默认情况下应处于开启状态。捕捉提示为一小段弹出文本，用于指明作为捕捉目标的图层，以及采用的捕捉类型（边、端点、折点等）。在一幅影像上进行操作时使用背景选项有助于查看"捕捉提示"。

3．创建要素

（1）创建点要素

第一步：打开 ArcMap，加载需要数字化的栅格地图：安徽建筑大学-END.jpg（位于"…\实验数据\E4"）。将在 ArcCatalog 中新创建的三个要素类文件"stops.shp""paths.shp""ploygon.shp"加载到 ArcMap，在内容列表中可以看到，如图 1-4-9 所示。

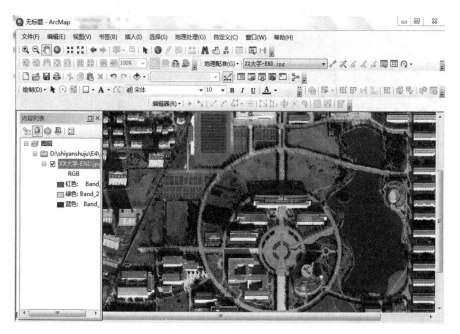

图 1-4-9　栅格地图

第二步：启动编辑会话。在工具栏的空白处点击右键，选择【编辑器】，出现【编辑器】工具条，如图 1-4-10 所示。进入编辑状态。单击【编辑器】工具条中的【编辑器】—【开始编辑】。

图 1-4-10 【编辑器】工具条

另一种启动编辑的方式是，在内容列表中右击需要编辑的图层，在弹出菜单中，单击【编辑要素】—【开始编辑】，启动编辑会话。

【开始编辑】对话框中列出了内容列表中被激活的地图中所有数据源的图层。单击【确定】按钮后，如果图层列表中存在不可编辑图层或其他问题，ArcGIS 将会进行提示。

启动【编辑器】后，点击【编辑器】工具条最右端【创建要素】图标，弹出【创建要素】窗口。每次在地图上创建要素时，一开始都要用到【创建要素】窗口。【创建要素】窗口的顶部面板用于显示地图中的模板，而窗口的底部面板则用于列出创建该类型要素的可用工具。如图 1-4-11 所示。

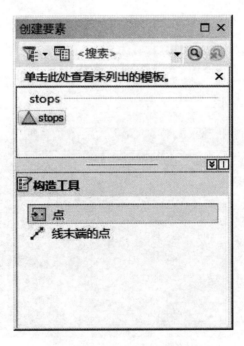

图 1-4-11 创建点要素窗口

我们的任务是在"stops"要素图层上添加校车停靠点。

第三步：设置符号格式。对准 ArcMap 界面内容列表中图层"stops"下面的点状符号 单击，弹出【符号选择器】对话框，设置点状符号样式。各参数设置如图 1-4-12 所示。

图 1-4-12　【符号选择器】对话框

第四步：在【创建要素】窗口中选择该点要素模板，窗口下方会自动显示点构造工具。创建点要素共有两个构造工具：

【 ▸· 点 】为默认构造工具，通过在地图上单击或通过输入坐标的方式创建点要素。

【 ✏ 线末端的点 】是通过绘制一条折线，取最后一个端点来构造点要素。

在此选用单击地图创建点要素，在"××大学高清影像图"上，单击校车停靠点的位置，一个点要素创建成功。该点创建后处于选取状态。第一个点选取大学南门校车的停靠点，如图 1-4-13 所示。

图 1-4-13　点要素的创建

依次在地图上把其他 6 个校车停靠点用点状符号标出来，如图 1-4-14 所示。

图 1-4-14　校车停靠点

第五步：属性表的编辑。输入要素的相关属性。

右击打开"stops"图层属性表，添加字段"停靠点序号"，如图 1-4-15、图 1-4-16 所示。

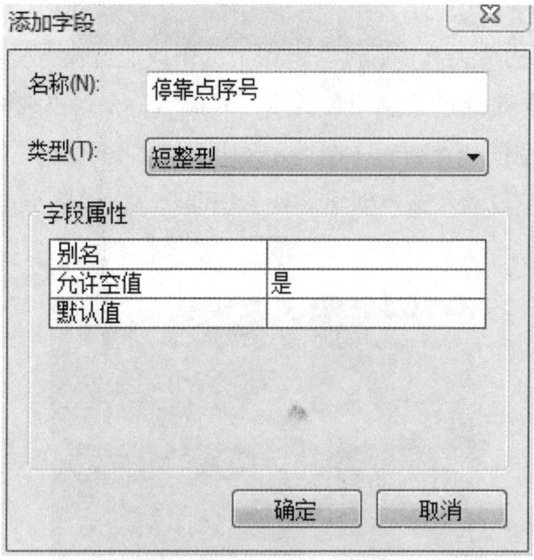

图 1-4-15　添加字段

图 1-4-16　编辑表字段

　　第六步：点击【编辑器】下拉菜单，选择【停止编辑】，弹出【保存】对话框，如图 1-4-17 所示。选择【是（Y）】，生成所有的校车停靠点数据，完成点要素"stops"图层的创建，如图 1-4-18 所示。

图 1-4-17　【保存】对话框

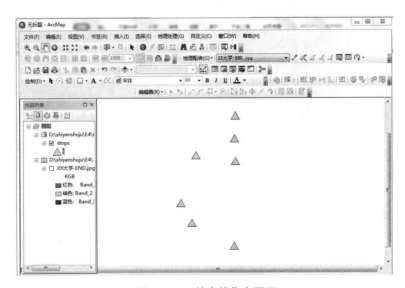

图 1-4-18　校车停靠点图层

（2）创建线要素

下面要进行校园道路图层的数字化，加载要编辑的线图层"pathes"，启动【编辑器】后，在【创建要素】窗口中选择该线要素模板，然后选取相应的构造工具。线要素模板提供了线、矩形、圆形、椭圆、手绘曲线五种构造工具。如图 1-4-19 所示。

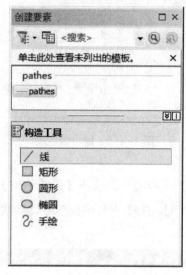

图 1-4-19　线要素模板

各构造工具的功能描述如表 1-4-2 所示。

表 1-4-2　构造工具

图标	名称	功能描述
／ 线	线	在地图上绘制折线
□ 矩形	矩形	在地图上拉框绘制矩形
○ 圆形	圆形	指定圆心和半径绘制图形
○ 椭圆	椭圆	指定椭圆圆心、长半轴和短半轴绘制椭圆
𝒮 手绘	手绘曲线	单击鼠标左键，移动鼠标绘制自由曲线

由于"线"工具是此模板的默认工具，它被自动激活。使用"线"工具创建线段，只需在地图上想要放置折点的位置单击即可。

将指针悬停于地图显示区的西部的现有线的端点上，但不要单击。请注意，指针图标将变为方形捕捉符号，且弹出包含图层名称（道路）和当前正在使用的捕捉类型（端点）的捕捉提示。根据需要，可近一步缩放或平移，如图 1-4-20 所示。

图 1-4-20 道路数字化

　　其中的折点已被符号化为绿色和红色方框。如发现【要素构造】工具条显示在要添加折点的位置，可按【Tab】键对其重新定位或手动移动。完成新线的数字化之后，捕捉到现有要素的端点并进行单击，以放置折点。

　　默认情况下，"线"工具可在单击的折点之间创建直线段。这些工具可以通过其他方式定义要素的形状，例如，创建曲线或追踪现有要素。这些属于构造方法，位于【编辑器】工具条上。要创建曲线段，可在【编辑器】工具条的选项板中单击对应的构造类型，然后在地图上绘制曲线。绘制完每条线段后还可在构造类型之间进行切换，以使能够构建所需的准确形状。例如，如果要绘制带有转弯的道路，可能希望某些部分是直的，而某些部分是弯曲的。要执行此操作，可先使用【直线段】实现直线段的数字化，然后单击【曲线段】构造方法创建曲线。

　　校园道路的数字化结果如图 1-4-21 所示。

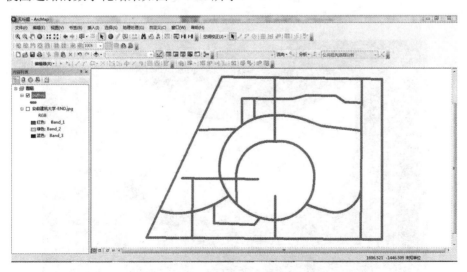

图 1-4-21 校园道路数字化结果

接着可以进行属性表编辑。然后单击【停止编辑】，完成校园道路数字化的工作。

（3）创建多边形

校园内的教室、湖泊、操场等，都可以数字化成多边形，加载要编辑的面图层"ploygon"，启动【编辑器】后，在【创建要素】窗口中选择该面要素模板，然后选取相应的构造工具。在此选择"面"工具。

第一步：数字化过程编辑。

顺着校园图书馆的边界开始数字化，点击鼠标左键生成一个折点，如图 1-4-22 所示。整个面完成后，双击鼠标左键，完成一个要素的数字化，如图 1-4-23 所示。

图 1-4-22　多边形数字化

图 1-4-23　创建多边形

如果数字化的图有误差，可以进行编辑，点击【编辑器】工具条上的【编辑折点】工具按钮，绿块就是数字化过程中点鼠标的地方，将鼠标放到折点上，按住左键并拖动，可以将折点拖到合适的位置，进行要素编辑，如图 1-4-24 所示。

图 1-4-24　编辑折点

在需要增加折点的地方点击鼠标右键，选择【插入折点】，如图 1-4-25 所示。

图 1-4-25　插入折点

当数字化的要素和已有要素合用一段公共边时，选择构造工具中【自动完成面】图。从两个要素连接的地方进入已有要素内，如图 1-4-26 所示。在已有要素内任何地方双击，完成新要素的数字化，如图 1-4-27 所示。

图 1-4-26 两个要素连接的地方

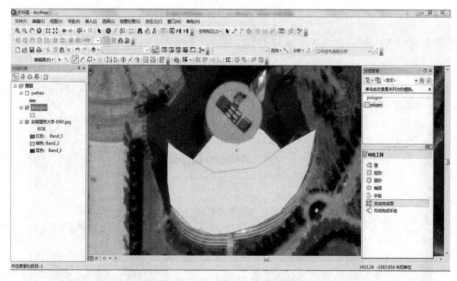

图 1-4-27 新要素的数字化

逐步完成整个校园的多边形的数字化，如图 1-4-28 所示。

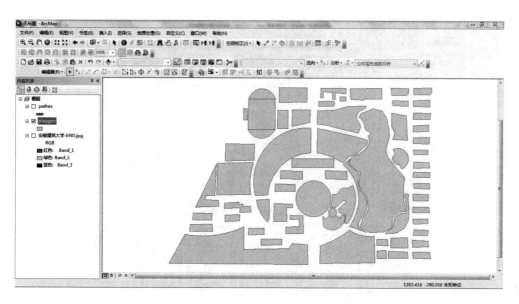

图 1-4-28　校园多边形数字化

第二步：要素的合并与联合。

打开【编辑器】工具条，选择【开始编辑】，在"ploygon"图层中，选中两个要素，如图 1-4-29 所示高亮显示部分。

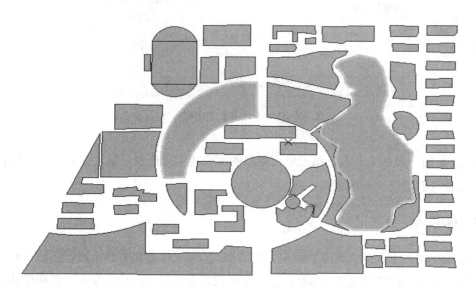

图 1-4-29　选中要素

将来自一个图层的两个或多个选定要素合并成一个要素。点击【编辑器】下拉菜单，选择【合并】，如图 1-4-30 所示。被选中的要素"易海（ploygon）"与"绿地（ploygon）"

合并成一个要素，如图 1-4-31 所示。

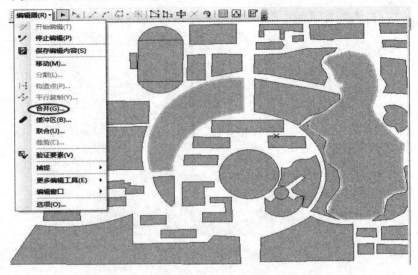

图 1-4-30 合并位置

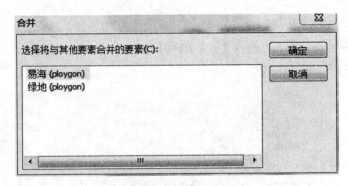

图 1-4-31 【合并】对话框

【联合】的主要功能是根据相同形状类型的两个或多个所选要素创建新要素，操作过程与【合并】类似，不再重述。

4．标注转换为注记

注记是一种用于存储要放置到地图上的文本的方法。每条文本都可通过注记存储自身的位置、文本字符串以及显示属性。在地图中放置文本的另一种主要方法是利用基于一个或多个要素属性的标注。如果要保证每条文本的位置都十分准确，则应将文本以地理数据库注记的形式进行存储。

（1）标注的显示

打开数字化数据"ploygon"的属性表，添加字段【属性】，输入各个要素对应的名称，如图 1-4-32 所示。

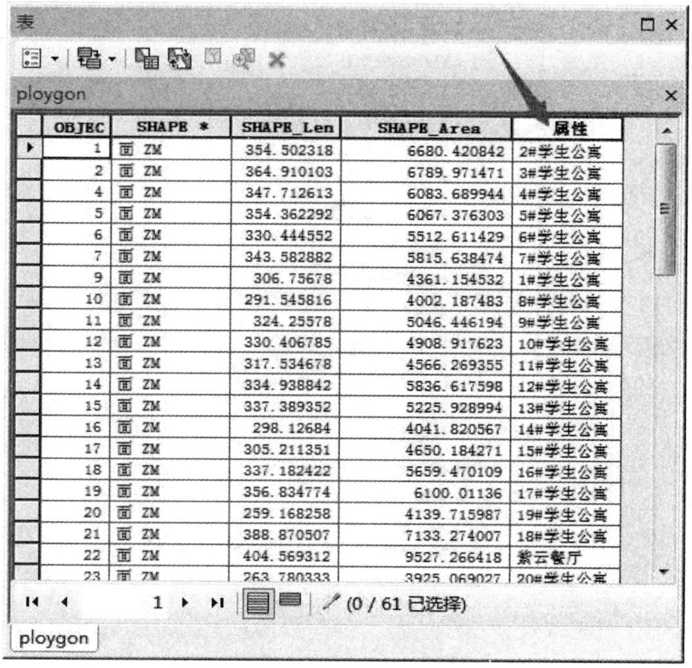

OBJEC	SHAPE *	SHAPE_Len	SHAPE_Area	属性
1	面 ZM	354.502318	6680.420842	2#学生公寓
2	面 ZM	364.910103	6789.971471	3#学生公寓
4	面 ZM	347.712613	6083.689944	4#学生公寓
5	面 ZM	354.362292	6067.376303	5#学生公寓
6	面 ZM	330.444552	5512.611429	6#学生公寓
7	面 ZM	343.582882	5815.638474	7#学生公寓
9	面 ZM	306.75678	4361.154532	1#学生公寓
10	面 ZM	291.545816	4002.187483	8#学生公寓
11	面 ZM	324.25578	5046.446194	9#学生公寓
12	面 ZM	330.406785	4908.917623	10#学生公寓
13	面 ZM	317.534678	4566.269355	11#学生公寓
14	面 ZM	334.938842	5836.617598	12#学生公寓
15	面 ZM	337.389352	5225.928994	13#学生公寓
16	面 ZM	298.12684	4041.820567	14#学生公寓
17	面 ZM	305.211351	4650.184271	15#学生公寓
18	面 ZM	337.182422	5659.470109	16#学生公寓
19	面 ZM	356.834774	6100.01136	17#学生公寓
20	面 ZM	259.168258	4139.715987	19#学生公寓
21	面 ZM	388.870507	7133.274007	18#学生公寓
22	面 ZM	404.569312	9527.266418	紫云餐厅
23	面 ZM	263.780333	3925.069027	20#学生公寓

图 1-4-32　添加字段【属性】

在“ploygon”上右击，选择【属性】，打开【图层属性】对话框，点击【标注】，如图 1-4-33 所示，设置参数，点击【确定】，如图 1-4-34 所示，点击【标注要素】，如图 1-4-35 所示。

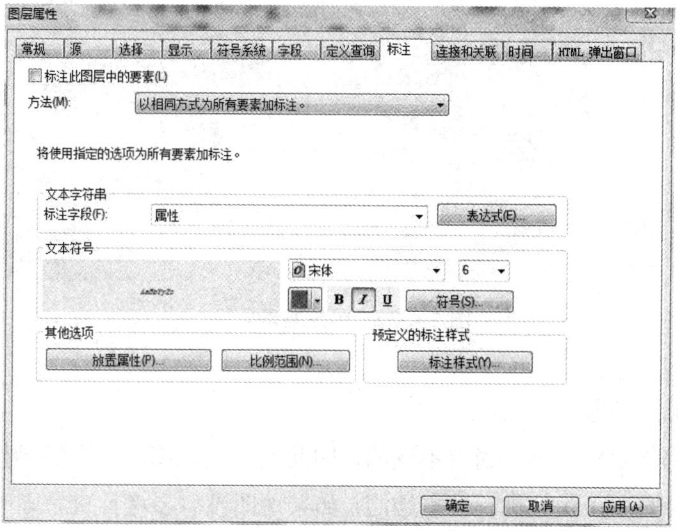

图 1-4-33　【图层属性】对话框

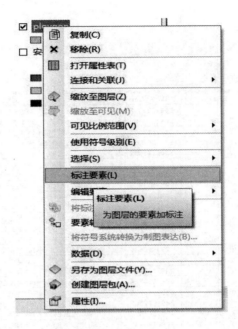

图 1-4-34　标注要素

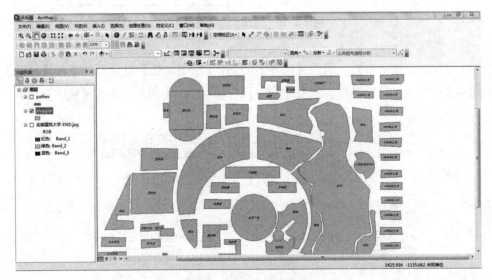

图 1-4-35　标注要素显示

（2）设置地图参考比例

注记要素的位置和大小是固定不变的，因此当放大地图时，它们会相应地放大。标
注会根据其图层的标注属性进行动态绘制。如果地图没有参考比例，则无论地图比例如
何，标注都会按指定的字体大小进行绘制。为使标注的工作方式与注记更为类似，可以
为地图设置参考比例。绘制标注时，标注的指定字体大小将依据参考比例进行缩放。将

标注转换为注记时，应指定参考比例。如果不指定，则当前的地图比例将被用作注记的参考比例。

在【标准工具】工具条上的地图比例框中输入 1∶10 000，然后按 Enter 键。

之后右键单击图层（数据框的名称），指向参考比例，然后单击设置参考比例。此时如果进行放大或缩小，则标注也会相应地变大或缩小。现在即可将这些标注转换为注记。

（3）标注转换为注记

注记为调整文本外观和文本放置提供了灵活性，我们可以根据需要对标注进行转换以创建新的注记要素。在本实验中，我们将把标注转换成地理数据库注记，从而对文本要素进行编辑。

右击图层"ploygon"，点击【将标注转换为注记】，如图 1-4-36 所示。

图 1-4-36　点击【将标注转换为注记】

弹出【将标注转换为注记】对话框，如图 1-4-37 所示。

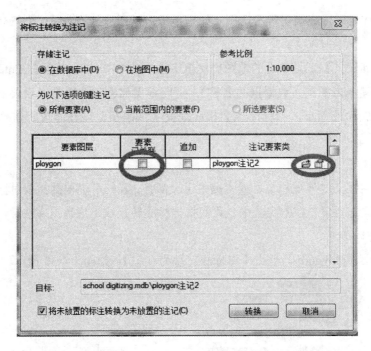

图 1-4-37　【将标注转换为注记】对话框

　　取消选中【要素已关联】复选框后，【注记要素类】名称的旁边会只显示小文件夹图标和浏览按钮。【要素已关联】注记必须与其所关联的要素类一同存储在地理数据库中。而【注记要素类】则可以存储在其他地理数据库中；取消选中复选框后，可为注记指定新的位置。默认情况下，标准注记要素类与其源要素类存储在同一数据集中。如果地图中的某要素图层基于 shapefile 或 coverage 要素类，则浏览按钮将可见并且您需要浏览到用于存储新注记要素类的地理数据库。设置好以后点击【转化】，标注被转换为注记。

　　注记要素类创建后，即被添加到 ArcMap 中，如图 1-4-38 所示。每个图层的标注分类都作为单独的注记类存储在一个注记要素类中。这些注记要素类可以独立地开启和关闭，并且它们拥有各自的可见比例范围。

图 1-4-38　注记要素类

保存生成相应点、线、面文件，最后保存地图文档，如图 1-4-39 所示。

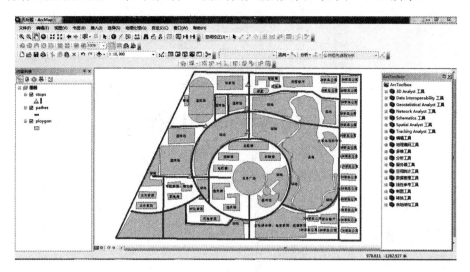

图 1-4-39　点、线、面矢量化结果

基础实验五

空间数据属性操作

一、实验要求

理解属性表的结构和 ArcGIS 软件创建及编辑空间数据属性数据库的原理；掌握属性表字段的增加、修改、删除的基本方法；重点掌握属性数据与空间数据的连接；熟练掌握属性表字段计算器、几何计算器和统计、汇总等功能，能够利用属性表进行基本的查询，并制作相应的统计图表。

二、实验基本背景

数据的采集主要包括空间数据的采集和属性数据的输入。属性数据的编辑与更新是进行数据采集、数据维护工作经常涉及的内容。一般在数字化后要进行属性数据的创建和编辑。当采集的图形数据其属性数据不完整时，可通过关键字段与外部的属性数据表，如 Excel 数据表等进行连接导入。另外，如果需要过滤不需要的记录、要素，使属性表、专题图得到精简，可利用属性选择功能进行筛选去除。

在 ArcGIS 中字段计算器用以计算字段值，其功能强大。这些字段值，可以是属性表里相关字段的综合，如百分比、分解字段等；可以是和图形有关的值，如点的 xy 坐标、面的中心点坐标和线的长度等；也可以是为了满足某种特定需求而创造出来的值。

三、实验内容

①属性表的一般编辑。
②空间数据属性字段的增加、修改、删除等基本操作。
③通过公共字段连接外部数据表（采样信息的导入）。

④属性条件查询、属性数据运算。

⑤利用属性制作统计图表。

四、实验数据

本实验数据详见表 1-5-1。

表 1-5-1　本实验数据属性

数据	文件名称	格式	说明
1	省区	.shp	中国省区矢量数据
2	环境污染数据	.xls	省区表格数据

五、实验主要操作过程及步骤

1. 属性表的一般编辑

（1）在 ArcCatalog 中表的操作

第一步：表的新建。启动 ArcCatalog，在【目录树】中鼠标右击 Chp5，出现快捷菜单，选择【新建（N）】【dBASE 表】（图 1-5-1）。

当前目录下建立新表，默认表名为"New_dBASE_Table"，用键盘将表名改成"省区数据"（图 1-5-2）。

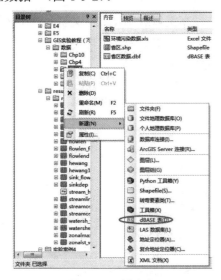

图 1-5-1　新建表　　　　　图 1-5-2　dBASE 表

第二步：字段的创建与修改。双击"省区数据.dbf"或者右击"属性"，出现 DBASE 表属性对话框，该表中包含了两个由系统自动创建的字段，第一个为 OID，用于自动标识不同记录，不允许用户输入、修改数据，第二个为 Field1，接受用户输入数据，如图 1-5-3 所示。

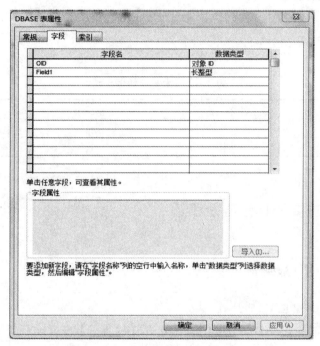

图 1-5-3　【DBASE 表属性】对话框 1

点击标签【字段】，出现【字段编辑】对话框，准备为该表增加 2 个字段。一般的方法是在【字段名】列下用键盘输入字段名，点击回车键后右侧【数据类型】列中出现该字段的默认数据类型，利用下拉表可改变数据类型，如果要改变字段长度，在下方字段属性框中修改，本练习要求输入 2 个字段，相关参数如下：

Fields Name（字段名）：CHN

Data Type（数据类型）：Text（字符型）

Length（字段长度）：6

Fields Name（字段名）：ID

Data Type（数据类型）：Float（浮点型）

Precision（占用长度）：3

Scale（保留小数位数）：0

字段修改对话框如图 1-5-4 所示。

图 1-5-4 【DBASE 表属性】对话框 2

第三步：字段的删除。如果认为某个字段是不需要的（如 CHN、Fields），可以用鼠标点击该字段名左侧的小方格，使其变成黑色，右侧的【数据类型】项也同时变成相反的黑白色，按键盘 Delete 键，该字段就被删除。字段 OID 是内部的，不能删除。检查属性表有 OID、ID 两个字段，按【确定】键结束属性表的结构定义，选择【菜单】—【退出】，退出 ArcCatalog。

（2）添加记录

启动 ArcMap，点击图标【添加数据】 ✛，双击添加属性表"省区数据.dbf"（图 1-5-5）。

在内容列表中可看到省区数据名称和图标，表示该表被添加到数据框架（Date Frame）中。鼠标右键点击该表，在快捷菜单中选【打开】，该表是空的，只有列，没有行。如图 1-5-6 所示。

图 1-5-5　添加数据

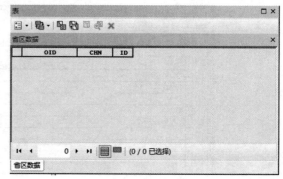

图 1-5-6　属性表

在地图窗口的按钮条中点击图标【编辑器】，如图 1-5-7 所示。

图 1-5-7　编辑器

弹出【编辑器】工具条，选择【开始编辑】，该表进入编辑状态。属性表自动增加一行，可以用键盘在表记录的单元中添加数据（图 1-5-8）。

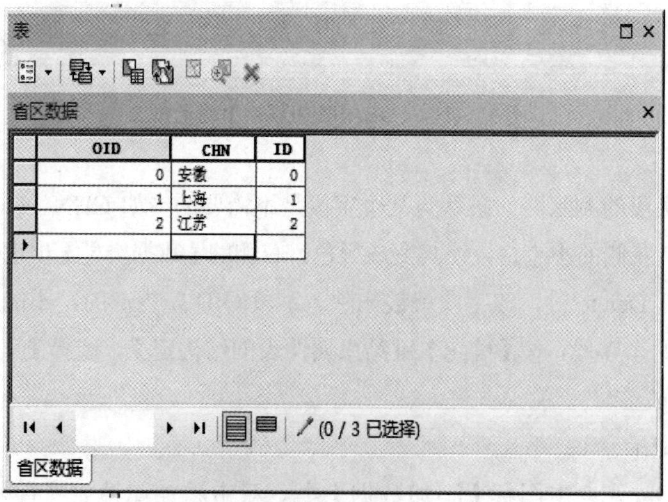

图 1-5-8　属性表

数据添加完毕后按回车键结束，在【编辑器】工具条中选用菜单【停止编辑】，系统提示，是否保存编辑结果，选择【是（Y）】，编辑状态结束。

2．空间数据属性字段的增加、修改、删除等基本操作

ArcGIS 的空间数据属性表和一般属性表不同，它和要素类（Feature Class）存储在一起，在 ArcMap 中，和专题图层相对应，加载、删除图层，同时加载、删除对应的要素属性表。

第一步：启动 ArcMap，加载数据省区.shp。右击【省区】—【打开属性表（T）】，在表选项中选择【添加字段】，如图 1-5-9 所示。

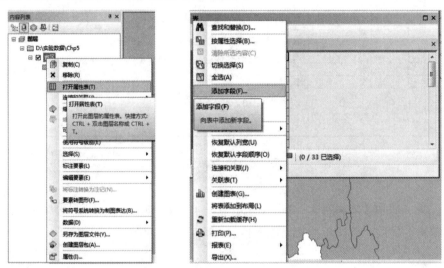

图 1-5-9　打开属性表与添加字段

第二步：添加字段"ID"与"PINYIN"，如图 1-5-10 所示。

图 1-5-10　添加字段操作

各字段添加完成后点击【确定】即可，结果如图 1-5-11 所示。

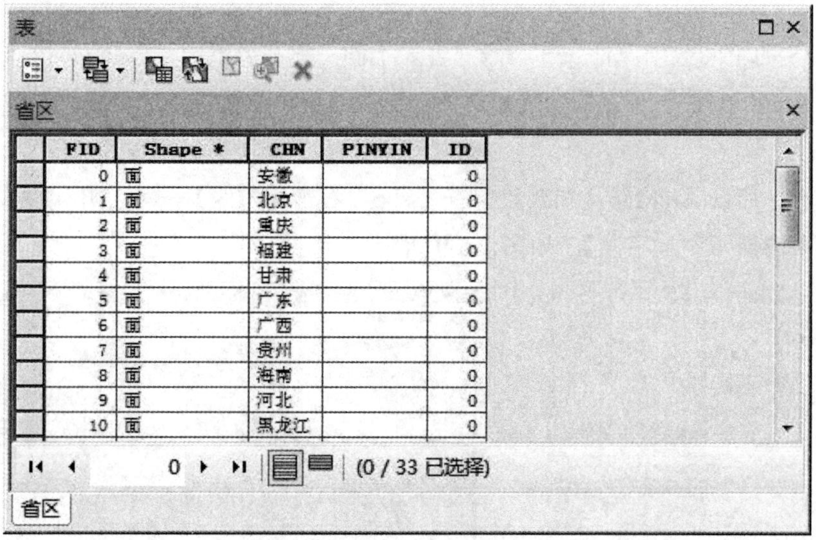

图 1-5-11　字段生成

第三步：启动【编辑器】，点击【开始编辑（T）】，如图 1-5-12 所示。在属性表选中需要编辑的字段，单击单元格，输入信息。编辑结果如图 1-5-13 所示。

图 1-5-12　开始编辑

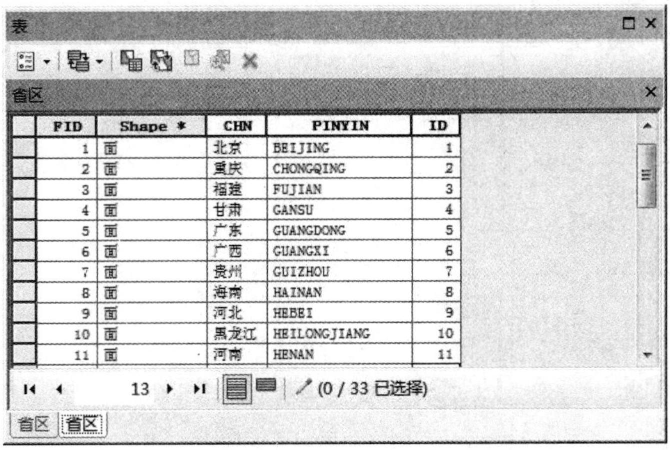

图 1-5-13　编辑结果

如果需要修改字段单元格内容，重复上一操作步骤，如图 1-5-14 所示。

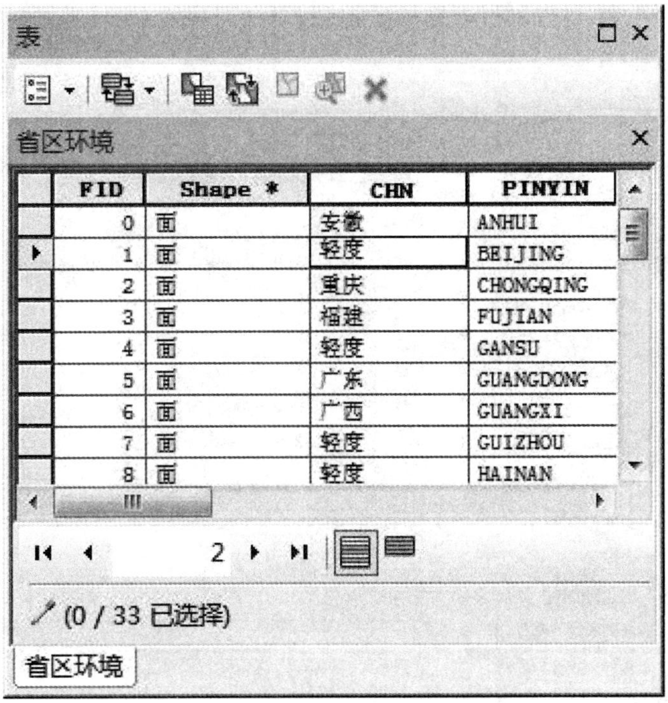

图 1-5-14　修改字段

如果某个字段暂时不需要，可以在该字段上点击鼠标右键，选择【关闭字段（O）】，如图 1-5-15 所示。

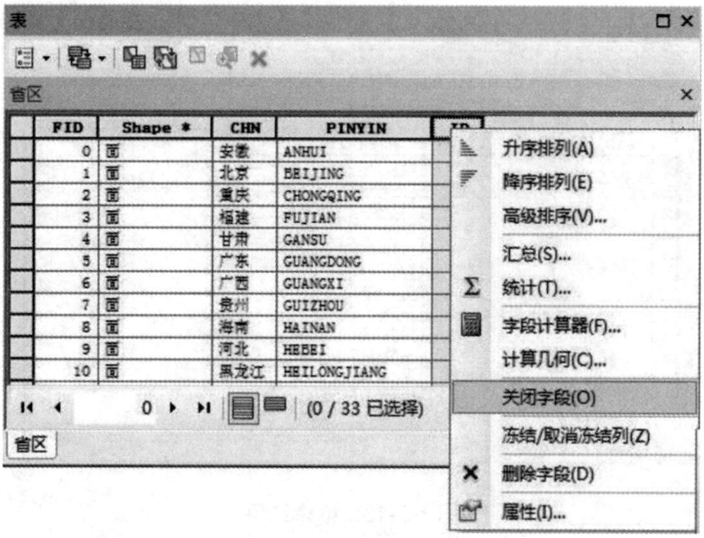

图 1-5-15　关闭字段

对于关闭的字段，可以通过表选项里的【打开所有字段（T）】重新打开，如图 1-5-16 所示。

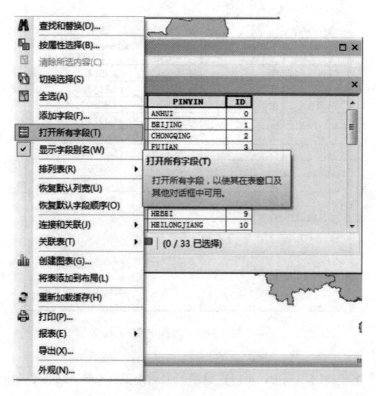

图 1-5-16　打开所有字段

如果希望某个字段不随滑条的左右移动而隐藏起来，可以在该字段上点击鼠标右键，选择【冻结/取消冻结列（Z）】，如图 1-5-17 所示。

图 1-5-17　冻结字段

对于不需要的字段可以删除，在该字段上点击鼠标右键，选择【删除字段（D）】，如图 1-5-18 所示。

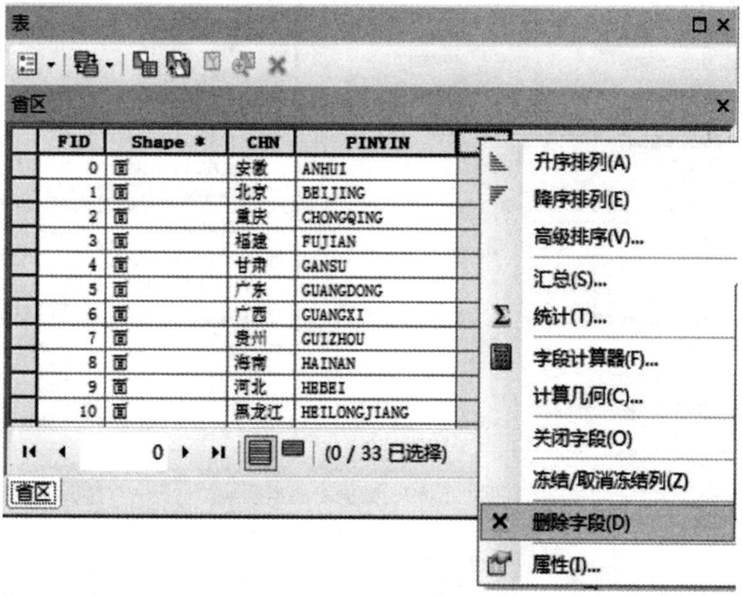

图 1-5-18　删除字段

3．通过公共字段连接外部数据表（采样信息的导入）

ArcMap 中可以实现属性表的连接与关联，属性数据合并时可以依据字段名称进行，也可以依据空间位置进行。当两个属性表中的相关字段具有一对一或多对一关系时，可以应用连接操作；当两个属性表中的相关字段具有一对多或多对多关系时，就只能应用关联操作。

连接又分为依据公共属性合并属性表和依据空间位置合并属性表。其中，有几何位置的数据层数据既可以依据公共属性合并属性表，也可以依据空间位置合并属性表，而纯表格数据只可以依据公共属性合并属性表。本实验主要演示连接工具的使用。

第一步：启动 ArcMap，加载数据"省区.shp"。右击省区数据，打开属性表。可以通过两种方式进行属性表的连接，一种是在内容列表右击省区图层，选择【连接和关联（J）】，再选择【连接（J）】；另一种是打开属性表，在表选项中选择【连接和关联（J）】，再选择【连接（J）】，如图 1-5-19 所示。

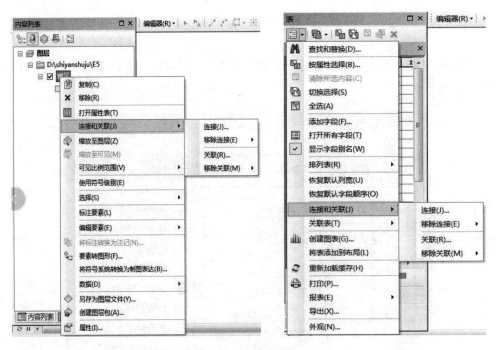

图 1-5-19　数据表的连接

第二步：通过连接把"环境污染数据.xls"导入"省区.shp"属性表，使空间数据的内容丰富完整。连接的前提条件是要有公共字段，打开"环境污染数据.xls"，发现有公共字段"ID"。如图 1-5-20 所示。

ID	COD	GDP	WATER	GAS	SUMP	region	分区
0	42.4106	10062.82	73441.4730	15272.5709	6135.0	2	东部
1	9.8846	12153.03	8712.5326	4408.2530	1695.0	2	东部
2	23.9797	6530.01	65683.8450	12586.5208	2839.0	1	西部
3	37.5706	12236.53	142746.9854	10497.1038	3604.0	3	东部
4	16.8097	3387.56	16363.6072	6313.9457	2628.0	1	西部
5	91.1232	39482.56	188843.8868	22681.9537	9544.0	3	东部
6	97.6297	7759.16	161596.4313	13194.1989	4816.0	1	西部
7	21.5963	3912.68	13477.6223	7785.7630	3793.0	1	中部
8	10.0277	1654.21	7031.2967	1353.2064	854.0	3	东部
9	57.0091	17235.48	110057.9976	50779.4401	6989.0	2	东部
10	46.1972	8587.00	34188.2224	9977.0670	3825.0	2	中部
11	62.6218	19480.46	140324.5647	22185.5727	9429.0	2	中部
12	57.5699	12961.10	91324.0928	12522.6292	5711.0	2	中部
13	84.8360	13059.69	96395.6901	10972.5646	6380.0	2	中部
14	82.1688	34457.30	256159.9698	27431.7456	7678.0	3	东部
15	43.5207	7655.18	67192.4452	8286.0511	4400.0	2	东部
16	36.0800	7278.75	37563.4834	7123.8048	2734.0	2	中部
17	56.2629	15212.49	75158.5888	25211.1855	4315.0	3	东部
18	27.8511	9740.25	28616.2246	24844.3649	2414.0	1	西部
19	12.5178	1353.31	21542.3672	4700.6096	618.0	1	中部
20	7.6133	1081.27	8403.9096	3307.9922	554.0	1	西部
21	64.7000	33896.65	182672.6358	35126.7039	9418.0	3	东部
22	24.3422	15046.45	41192.0286	10058.5972	1888.0	3	东部
23	31.8071	8169.80	49136.7627	11031.9024	3762.0	1	中部
24	34.4415	7358.31	39720.2120	23692.9067	3411.0		

图 1-5-20　公共字段

【连接数据】框，如图 1-5-21 所示：

选择该图层中连接将基于的字段：ID；

选择要连接到此图层的表：环境污染数据；

选择此表中要作为连接基础的字段：ID；

连接选项：保留所有记录。

点击【确认】，完成属性表的连接。

	Shape *	CHN	PINYIN	ID	COD	GDP	WATER	GAS	SUMP	region	分区
面		安徽	ANHUI	0	42.4106	10062.82	73441.473	15272.5709	6135	2	中部
面		北京	BEIJING	1	9.8846	12153.03	8712.5326	4408.253	1695	3	东部
面		重庆	CHONGQING	2	23.9797	6530.01	65683.845	12586.5208	2839	1	西部
面		福建	FUJIAN	3	37.5706	12236.53	142746.9854	10497.1038	3604	3	东部
面		甘肃	GANSU	4	16.8097	3387.56	16363.6072	6313.9457	2628	1	西部
面		广东	GUANGDONG	5	91.1232	39482.56	188843.8868	22681.9537	9544	3	东部
面		广西	GUANGXI	6	97.6297	7759.16	161596.4313	13184.1989	4816	1	西部
面		贵州	GUIZHOU	7	21.5963	3912.68	13477.6223	7785.763	3793	1	西部
面		海南	HAINAN	8	10.0277	1654.21	7031.2967	1353.2064	854	3	东部
面		河北	HEBEI	9	57.0091	17235.48	110057.9976	50779.4401	6989	3	东部
面		黑龙江	HEILONGJIANG	10	46.1972	8587	34188.2224	9977.067	3825	2	中部
面		河南	HENAN	11	62.6218	19480.46	140324.5647	22185.5727	9429	2	中部
面		湖北	HUBEI	12	57.5699	12961.1	91324.0928	12522.6292	5711	2	中部
面		湖南	HUNAN	13	84.836	13059.69	96395.6901	10972.5646	6380	2	中部
面		江苏	JIANGSU	14	82.1688	34457.3	256159.9698	27431.7456	7678	3	东部
面		江西	JIANGXI	15	43.5207	7655.18	67192.4452	8286.0511	4400	2	中部
面		吉林	JILIN	16	36.08	7278.75	37563.4834	7123.8048	2734	2	中部
面		辽宁	LIAONING	17	56.2629	15212.49	75158.5888	25211.1855	4315	3	东部

0 ▸ ▸▹ (0 / 33 已选择)

省区

图 1-5-21 【连接数据】框设置

第三步：导出数据。

因为连接后的属性表只保存在内存中，要是关掉程序再打开数据，属性表里的数据就又没有了。所以需要将数据导出保存。方法是在省区数据上右击鼠标，选择【数据（D）】—【导出数据（E）】，选择保存位置即可，如图 1-5-22 所示。

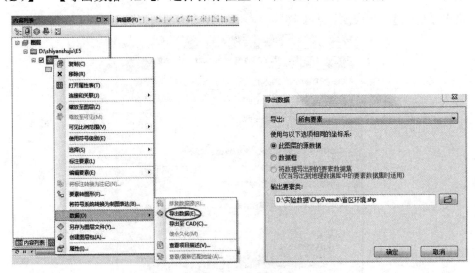

图 1-5-22 导出数据

加载刚保存的数据，这时 Excel 里的数据就已经导入省区数据里了。

连接是使两个表在逻辑上合并，实际的数据储存仍相互独立。连接有时会失败，一般的原因是某个表或图层正在编辑，应选用菜单停止编辑，退出编辑状态，再作连接操作。

除了外部数据表可以连接到空间数据属性表，两个图层属性表之间也可以连接，操作过程与前面类似，不再详述。

【注意：合并与连接的区别：①连接关系。合并方式连接的两个表之间的记录只能是"一对一""多对一"的关系，不能实现"一对多"的合并，练习者可以看一下上面操作步骤后属性表的显示外观。连接方式连接的两个表之间的记录可以是"一对一""多对一""一对多"的关系。②显示外观。连接方式实现两表连接后，外观仍然是两个独立的表，一个表中的记录进入选择集时，另一个表中的对应记录也同步进入选择集，分别显示在各自的窗口中。合并方式实现两表连接后，被连接的表合并到结果表中，结果表的字段得到扩展，表的显示比较紧凑、简洁，查询操作也简单。连接方式所适应的逻辑关系多，合并的查询界面简单。】

4．属性条件查询、属性数据运算

实现图层属性数据表的查询显示。

第一步：打开实验数据"省区环境.shp"，在内容列表中右键点击，选择打开属性表，在属性表左上方点击【表选项】，选择【按属性选择】，或点击属性表上方【按属性选择】按钮 。如图 1-5-23 输入以下内容：

方法：创建新选择内容；

属性列表中双击"COD"；

SELECT"FROM 省区环境 WHERE"："COD"＜=22

点击【应用】，关闭按属性选择对话框。

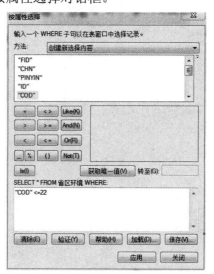

图 1-5-23 【按属性选择】对话框 1

被选中的行在属性表中高亮显示（图 1-5-24）。

PINYIN	ID	COD	GDP	WATER	GAS
ANHUI	0	42.4106	10062.82	73441.473	15272.
BEIJING	1	0	12153.03	8712.5326	440(
CHONGQING	2	23.9797	6330.01	65683.845	12586.
FUJIAN	3	37.5706	12236.53	142746.9854	10497.
GANSU	4	0	3387.56	16363.6072	6313.
GUANGDONG	5	91.1232	39482.56	188843.8868	22681.
GUANGXI	6	97.6297	7759.16	161596.4313	13184.
GUIZHOU	7	0	3912.68	13477.6223	778(
HAINAN	8	0	1654.21	7031.2967	1353.
HEBEI	9	57.0091	17235.48	110057.9976	50779.
HEILONGJIAN	10	46.1972	8587	34188.2224	997)
HENAN	11	62.6218	19480.46	140324.5647	22185.
HUBEI	12	57.5699	12961.1	91324.0928	12522.
HUNAN	13	84.836	13059.69	96395.6901	10972.
JIANGSU	14	82.1688	34457.3	256159.9698	27431.
JIANGXI	15	43.5207	7655.18	67192.4452	8286.
JILIN	16	36.08	7278.75	37563.4834	7123.
LIAONING	17	56.2629	15212.49	75158.5888	25211.
NEIMENGGU	18	27.8511	9740.25	28616.2246	24844.
NINGXIA	19	0	1353.31	21542.3672	4700.
QINGHAI	20	0	1081.27	8403.9096	3307.
SHANDONG	21	64.7	33896.65	182672.6358	35126.
SHANGHAI	22	24.3422	15046.45	41192.0286	10058.
SHANNXI	23	31.8071	8169.8	49136.7627	11031.

0 ▸ ▸| 📋 📋 | (9 / 33 已选择)

省区环境

图 1-5-24　高亮显示

找到【COD】字段，在【COD】字段名上右击，弹出快捷菜单，选择【字段计算器】，打开字段计算器窗口。在【COD=】中输入 "0"，符合属性选择 "COD" < =22 的条件的数据都被赋值为 "0"，表示轻度污染。如图 1-5-25 所示。点击【确定】按钮，关闭字段计算器窗口。

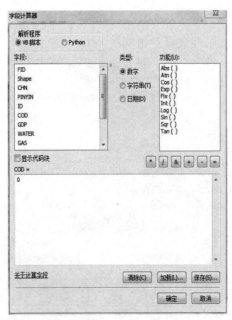

图 1-5-25　字段计算器 1

第二步：在属性表左上方点击【表选项】，选择【按属性选择】，如图 1-5-26 在【SELECT "FROM 省区环境 WHERE"】中输入："COD" >=52。点击【应用】，关闭按属性选择对话框。

找到【COD】字段，在【COD】字段名上右击，弹出快捷菜单，选择【字段计算器】，打开字段计算器窗口。在【COD=】中输入"2"，符合属性选择"COD" >=52 的条件的数据都被赋值为"2"，表示重度污染。如图 1-5-27 所示。点击【确定】按钮，关闭字段计算器窗口。

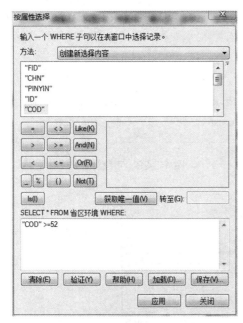

图 1-5-26 【按属性选择】对话框 2

图 1-5-27 字段计算器 2

第三步：在属性表左上方点击【表选项】，选择【按属性选择】，如图 1-5-28 在【SELECT" FROM 省区环境 WHERE"】中输入："COD"<>0 AND "COD" <>2。点击【应用】，关闭按属性选择对话框。

找到【COD】字段，在【COD】字段名上右击，弹出快捷菜单，选择【字段计算器】，打开字段计算器窗口。在【COD=】中输入"1"，符合属性选择条件的数据都被赋值为"1"，表示中度污染。如图 1-5-29 所示。点击【确定】按钮，关闭字段计算器窗口。属性表如图 1-5-30 所示。

图 1-5-28　【按属性选择】对话框 3

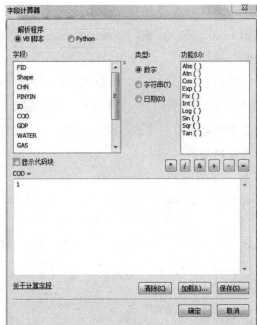

图 1-5-29　字段计算器 3

PINYIN	ID	COD	GDP	WATER	GAS
ANHUI	0	1	10062.82	73441.473	15272.
BEIJING	1	0	12153.03	8712.5326	440
CHONGQING	2	1	6530.01	65683.845	12586.
FUJIAN	3	1	12236.53	142746.9854	10497.
GANSU	4	0	3387.56	16363.6072	6313.
GUANGDONG	5	2	39482.56	188843.8868	22681.
GUANGXI	6	2	7759.16	161596.4313	13184.
GUIZHOU	7	0	3912.68	13477.6223	778
HAINAN	8	0	1654.21	7031.2967	1353.
HEBEI	9	2	17235.48	110057.9976	50779.
HEILONGJIAN	10	1	8587	34188.2224	997
HENAN	11	2	19480.46	140324.5647	22185.
HUBEI	12	1	12961.1	91324.0928	12522.
HUNAN	13	2	13059.69	96395.6901	10972.
JIANGSU	14	2	34457.3	256159.9698	27431.
JIANGXI	15	2	7655.18	67192.4452	8286.
JILIN	16	1	7278.75	37563.4834	7123.
LIAONING	17	2	15212.49	75158.5888	25211.
NEIMENGGU	18	1	9740.25	28616.2246	24844.
NINGXIA	19	0	1353.31	21542.3672	4700.
QINGHAI	20	0	1081.27	8403.9096	3307.
SHANDONG	21	2	33896.65	182672.6358	35126.
SHANGHAI	22	1	15046.45	41192.0286	10058.
SHANNXI	23	1	8169.8	49136.7627	11031.

图 1-5-30　属性表结果显示

第四步：COD 字段通过属性选择与字段计算器赋值，使信息变得简单明了。0 代表 COD 轻度污染，1 代表 COD 中度污染，2 代表 COD 重度污染。下面通过标注，增强图形信息的可读性。

在内容列表中右键单击"省区环境.shp"，选择【图层属性】—【标注】，标注字段选择"COD"，根据需要编辑文本符号，点击【确定】。如图 1-5-31 所示。

图 1-5-31　【图层属性】对话框

在内容列表中右键单击"省区环境.shp"，点击【标注要素】，显示标注结果。

第五步：几何信息计算。

打开实验数据"省区环境.shp"，在内容列表中点击鼠标右键，选择【打开属性表】。增加一个新的字段"面积"，在新建字段上点击鼠标右键，选择【计算几何（C）】，如图 1-5-32 所示。

打开【计算几何】对话框设置参数，坐标系选择"使用数据源的坐标系（D）"，单位选择"平方米"，如图 1-5-33 所示。

图 1-5-32　计算几何　　　　　　图 1-5-33　【计算几何】对话框

完成各省区面积计算，如图 1-5-34 所示。

GDP	WATER	GAS	SUMP	regio	分区	面积
10062.82	73441.473	15272.5709	6135	2	中部	140951260389
12153.03	8712.5326	4408.253	1695	3	东部	16345559980
6530.01	65683.845	12586.5208	2839	1	西部	81584914558
12236.53	142746.9854	10497.1038	3604	3	东部	122237098858
3387.56	16363.6072	6313.9457	2628	1	西部	404372926837
39482.56	188843.8868	22681.9537	9544	3	东部	176048814060
7759.16	161596.4313	13184.1989	4816	1	西部	235149185520
3912.68	13477.6223	7785.763	3793	1	西部	175686385940
1654.21	7031.2967	1353.2064	854	3	东部	33913114964
17235.48	110057.9976	50779.4401	6989	3	东部	186897351929
8587	34188.2224	9977.067	3825	2	中部	449906208252
19480.46	140324.5647	22185.5727	9429	2	中部	165069374410
12961.1	91324.0928	12522.6292	5711	2	中部	186518003398
13059.69	96395.6901	10972.5646	6380	2	中部	211819704418
34457.3	256159.9698	27431.7456	7678	3	东部	100320888837
7655.18	67192.4452	8286.0511	4400	2	中部	166776733903
7278.75	37563.4834	7123.8048	2734	2	中部	191775637949
15212.49	75158.5888	25211.1855	4315	3	东部	145014882846
9740.25	28616.2246	24844.3649	2414	1	西部	1147324074564
1353.31	21542.3672	4700.6096	618	1	西部	50492366916

图 1-5-34　面积计算结果

5．利用属性制作统计图表

第一步：查看字段基本统计信息。

打开实验数据"省区环境.shp"，在内容列表中点击鼠标右键，选择【打开属性表】，右击字段"GAS"，点击【统计（T）】，如图 1-5-35 所示。

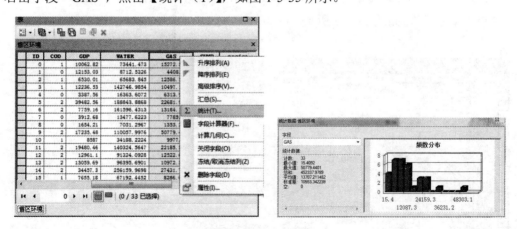

图 1-5-35　统计数据

第二步：利用属性制作统计图表。

统计图中蓝色部分分区的面积。右键"省区环境"，点击【打开属性表】，右键【分区字段】，双击【汇总】，勾选【总和】，点击【确定】，如图 1-5-36 所示。然后右键【sum region】，点击【打开（O）】（图 1-5-37），得到蓝色部分土地类型的面积，如图 1-5-38 所示。

图 1-5-36　汇总数据

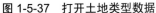

图 1-5-37　打开土地类型数据

图 1-5-38　土地类型的面积结果

制作统计图，点击【视图】—【图表】—【创建图表】。如图 1-5-39、图 1-5-40、图 1-5-41 所示进行设置，点击【完成】。

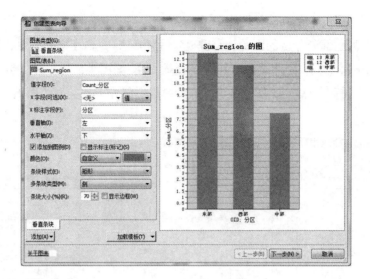

图 1-5-39　制作统计图步骤一

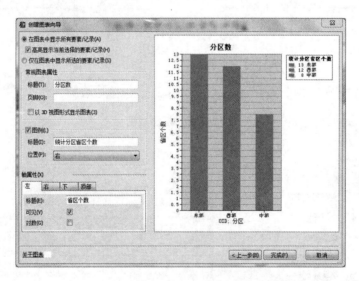

图 1-5-40　制作统计图步骤二

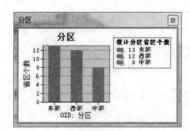

图 1-5-41　制作统计图步骤三

基础实验六

综合制图与地图输出

一、实验要求

了解综合制图过程中符号化、注记标注、格网绘制以及地图整饰的意义；掌握基本的符号化方法、自动标注操作以及相关专题地图的整饰和输出的操作；熟练掌握布局纸张、制图范围的定义、制图比例尺的确定、制作图名、图例、坐标网和指北针等的设置。

二、实验基本背景

专题地图是突出地表示一种或几种自然现象和社会经济现象的地图，行政区划图作为一种特殊的专题地图，表示各级行政区域的划分，反映政府对国界、省界等的标准画法以及行政区域命名及各类地名的正确表示，是最常用的地图之一。

综合制图的一个重要内容就是地图符号化，它根据数据的属性特征、地图用途和制图比例尺来确定地图要素的表示方法，符号化决定了地图将传递怎样的内容。矢量数据中，无论是点状、线状还是面状要素，都可以依据要素的属性特征采取不同的符号化方法来实现数据的符号化。地图注记用来说明图形符号无法表达的定量或定性特征，如道路名称、城镇名称等。坐标格网反映了地图的坐标系或者地图投影信息。地图输出前还需要设置与地理数据相关的一系列辅助要素，如图名、图例、比例尺和指北针等。总之，综合制图与地图输出是反映多种要素和现象及其相互联系的制图方法和过程，为综合评价与制定规划提供科学依据。

三、实验内容

①通过不同渲染方式的应用将地图属性信息以直观的方式表现为专题地图。
②使用 ArcMap Layout（布局）界面制作专题地图。
③通过地图符号化和图幅整饰，将各种地图元素添加到地图版面中进行地图设计。

四、实验数据

本实验数据详见表 1-6-1。

表 1-6-1 本实验数据清单

数据	文件名称	格式	说明
1	地级城市驻地	.shp	点图层
2	省会城市	.shp	点图层
3	省界	.shp	线图层
4	主要水系	.DWG	CAD 数据集
5	主要公路	.DWG	CAD 数据集
6	主要水面	.shp	面图层
7	省级行政区	.shp	面图层
8	四川地形阴影	tiff	栅格影像数据

五、实验主要操作过程及步骤

1．数据格式转换

本实验数据包括两个 CAD 文件（主要公路.DWG 和主要水系.DWG），DWG 是电脑辅助设计软件AutoCAD 以及基于AutoCAD 的软件保存设计数据所用的一种专有文件格式，DWG 格式以及它的 ASCII 格式变体 DXF，已经成为 CAD 制图数据交换中的事实文件标准。

（1）打开 ArcCatalog，打开 DWG 数据的树形结构，选择主要公路线状图层，如图 1-6-1 所示。

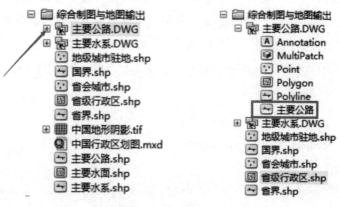

图 1-6-1 DWG 数据选择

（2）选择"主要公路.shp"和"主要水系"两个线状图层，右键单击选择【导出】命令，选择【转为 Shapefile（单个）】命令，进入【要素类至要素类】对话框，如图 1-6-2 所示。

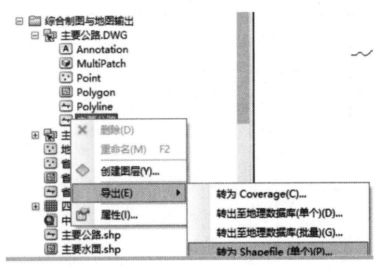

图 1-6-2 数据格式转换

（3）设定【输出位置】和【输出要素类】，给转换后的 Shape 格式文件重新命名，如图 1-6-3 所示。

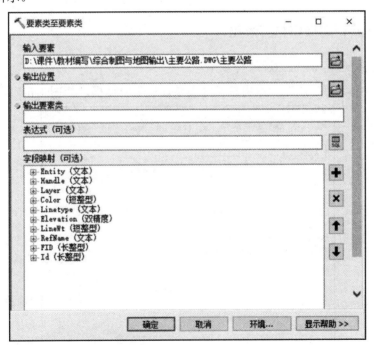

图 1-6-3 【要素类至要素类】对话框

（4）按照相同的方法将主要水系的 DWG 格式转换为 Shape 格式。

2．基础数据加载

（1）创建一个空白地图，打开"原始地图.mxd"。

（2）根据点、线、面、栅格影像的排序规则将各图层排序，如图 1-6-4 所示。

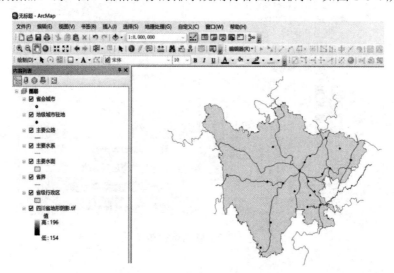

图 1-6-4　综合制图的图层排序

3．制图数据的操作与符号化

（1）"省会城市"点状图层的符号化

①在"省会城市"图层上右击打开【图层属性】对话框，如图 1-6-5 所示；

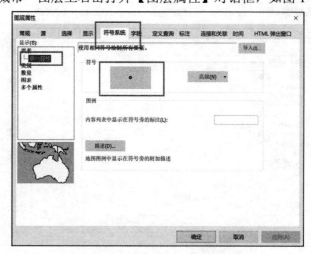

图 1-6-5　"省会城市"图层属性

②点击【符号系统】选项页，如图 1-6-5 所示，渲染参数设置为：【要素】—【单一符号】；

③点击符号中的样式，进入【符号选择器】对话框，选择【圆形 3】符号。然后，需将颜色调整为红色，大小设置为 20，最后单击【确定】按钮完成"省会城市"矢量图层的符号化。如图 1-6-6 所示。

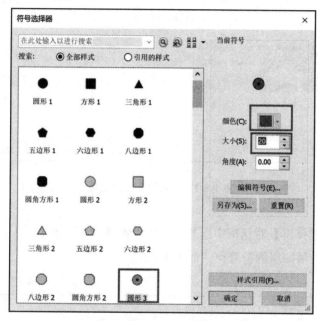

图 1-6-6 "省会城市"图层符号选择器

（2）"地级城市驻地"点状图层的符号化

①同上，在"地级城市驻地"图层上右击打开【图层属性】对话框；

②点击"符号系统"选项页，将渲染参数设置为：【要素】—【单一符号】；

③点击符号中的样式，进入【符号选择器】对话框，选择"圆形 3"符号，还需将颜色调整为灰色，大小设置为 15，最后单击【确定】按钮完成"地级城市驻地"矢量图层的符号化。

（3）"省界"线状图层的符号化

①在内容列表中显示图层"省界"，右击该图层执行【属性】命令；

②在出现的【图层属性】对话框中将渲染方式设置为【要素】—【单一符号】，点击符号中的样式，进入【符号选择器】对话框，如图 1-6-7 所示；

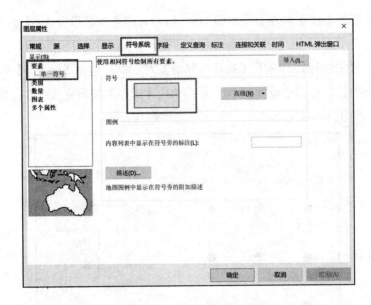

图 1-6-7　"省界"图层属性

③在【符号选择器】对话框中选择样式库里的【边界，州】，单击【确定】按钮完成"省界"线状矢量图层的符号化，如图 1-6-8 所示。

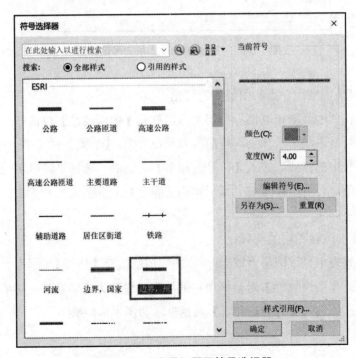

图 1-6-8　"省界"图层符号选择器

（4）"主要公路"线状图层的符号化

①在内容列表中显示图层"主要公路"，右击该图层执行【属性】命令；

②在出现的【图层属性】对话框中将渲染方式设置为【要素】—【单一符号】，点击符号中的样式，进入【符号选择器】对话框；

③在【符号选择器】对话框中选择样式库里的【公路】，单击【确定】按钮完成"主要公路"线状矢量图层的符号化，如图1-6-9所示。

图1-6-9 "主要公路"线状图层符号选择器

（5）"主要水系"线状图层的符号化

①在内容列表中显示图层"主要水系"，右击该图层执行【属性】命令；

②在出现的【图层属性】对话框中将渲染方式设置为【要素】—【单一符号】，点击符号中的样式，进入【符号选择器】对话框；

③在【符号选择器】对话框中选择样式库里的【河流】，单击【确定】按钮完成"主要水系"线状矢量图层的符号化，如图1-6-10所示。

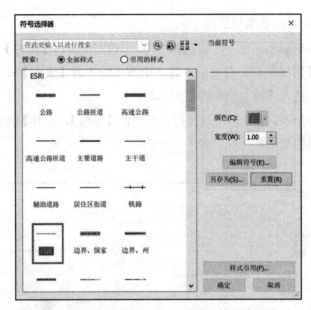

图 1-6-10　"主要水系"线状图层符号选择器

（6）"主要水面"面状图层的符号化

①在内容列表中显示图层"主要水面"，右击该图层执行【属性】命令；

②在出现的【图层属性】对话框中将渲染方式设置为【要素】—【单一符号】，点击符号中的样式，进入【符号选择器】对话框；

③在【符号选择器】对话框中选择样式库里的【湖泊】，单击【确定】按钮完成"主要水面"面状矢量图层的符号化，如图 1-6-11 所示。

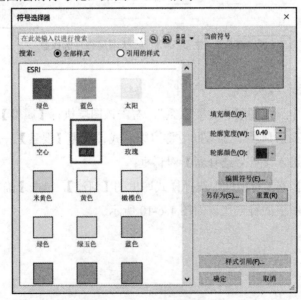

图 1-6-11　"主要水面"图层符号选择器

（7）"省级行政区"面状图层的渲染——分类渲染

①在内容列表中，右击图层"省级行政区"，执行【属性】命令；

②在出现的【图层属性】对话框中将渲染方式设置为【要素】—【单一符号】，点击符号中的样式，进入【符号选择器】对话框，选择【填充颜色】的深紫色，如图 1-6-12 所示；

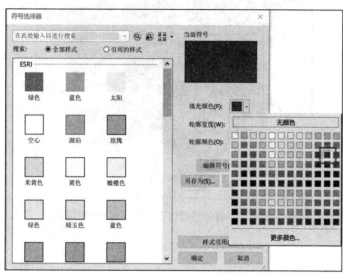

图 1-6-12 "省级行政区"图层属性

③在内容列表中显示图层"省级行政区"，右击该图层执行【属性】命令；在"省级行政区"的【图层属性】对话框中，选择【显示】选项页，将【透明度（T）】设置为"50%"，如图 1-6-13 所示。

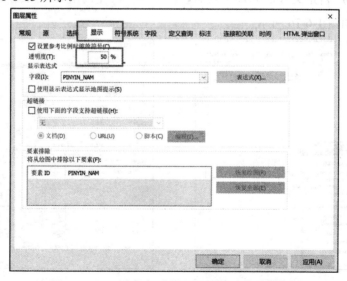

图 1-6-13 "省级行政区"图层显示透明度设置

通过透明的省级行政区矢量渲染图与底下的四川省地形阴影的相叠加，获得伪三维效果，对四川省行政区划专题图进行美化，如图 1-6-14 所示。

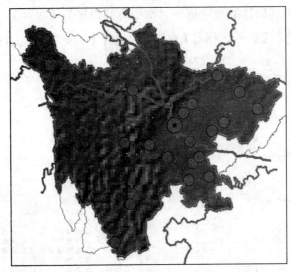

图 1-6-14 "省级行政区"图层与地形阴影叠加

4．布局设计

①点击【文件】执行【页面和打印设置】命令，打开【页面和打印设置】对话框，如图 1-6-15 所示。

②在【页面和打印设置】对话框中将【使用打印机纸张设置】的勾选去掉，将【标准大小】设置为"自定义"，将布局纸张的【宽度（W）】和【高度（H）】分别设置为"65cm"和"65cm"，如图 1-6-16 所示。

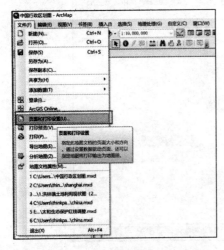

图 1-6-15 执行【页面和打印设置】命令

图 1-6-16 【页面和打印设置】对话框

③先单击图面数据框内容使得数据框进入选择状态，然后右击选择【属性】进而打开【数据框属性】对话框，选择【大小和位置】选项页，将【宽度】和【高度（H）】分别设置成"53cm"和"54cm"，如图 1-6-17 和图 1-6-18 所示。

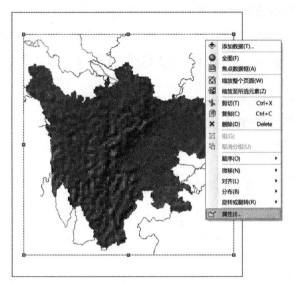

图 1-6-17　打开【数据框属性】

图 1-6-18　【数据框属性】对话框

④调整四川行政区划图至数据框的合理位置，并将数据框移动至布局纸张的中心位置，如图 1-6-19 所示。

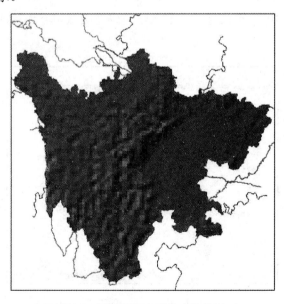

图 1-6-19　图面布局大小与位置

5．地图标注

（1）地级城市驻地名称、省会城市名称标注

①在内容列表中，右击图层【地级城市驻地】，执行【属性】命令。

②在出现的【图层属性】对话框中，点击【标注】选项页，勾选【标注此图层中的要素（L）】，确认【标注字段】为："NAME"，点击【符号】按钮，打开【符号选择器】对话框，如图 1-6-20 所示。

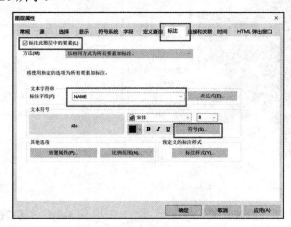

图 1-6-20　地级城市驻地标注

③在【符号选择器】对话框中，将【颜色（C）】设为"黑色"，字体设为"宋体"，【大小（S）】设为"40"，单击【确定】按钮完成地级城市驻地标注字体的设置，如图 1-6-21 所示。

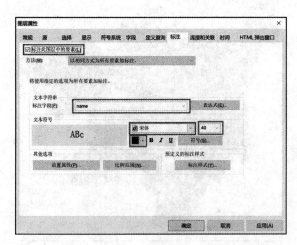

图 1-6-21　地级城市驻地标注字体设置

④与地级城市驻地标注相同，完成省会城市的文字标注。注意将【标注字段】设为 name，【字体】设为 48，【颜色】设为黑色，单击【编辑符号】打开【编辑器】对话框如图 1-6-22 所示。

⑤在【编辑器】对话框中，选择【掩膜】—【晕圈】—【大小】设为 4，单击【符号】按钮，打开【符号选择器】对话框，将字体设置为白色（图 1-6-23），单击【确定】按钮完成省会城市标注字体的设置。

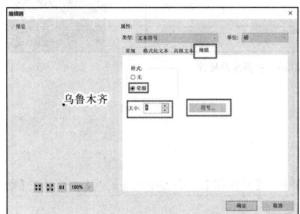

图 1-6-22 "省会城市"标注字体设置

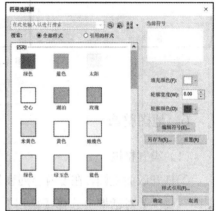

图 1-6-23 "省会城市"字体颜色

（2）主要水系及邻近省份名称的标注

标注文字注记时要用到【绘图】工具，右击 ArcMap 菜单栏，勾选【绘图】工具条，显示的工具栏如图 1-6-24 所示。

图 1-6-24 【绘图】工具条

①邻近省份名称标注。单击 Ａ·按钮在图面合适的位置插入文本，双击文本打开【属性】对话框，执行【更改符号】命令打开【符号选择器】，设置黑体，字体大小为 36，加粗，输入省份名称完成邻近省份名称标注。

②主要水系标注。单击注记工具中的【曲线文本】设置按钮 ，沿着长江画一条弧线，双击结束操作；在文本框中输入"长江"，可以在字与字之间使用一定的空格作为间隔；设置字体（宋体）、字号（48）、斜体、蓝色、加粗等属性；以此方法依次完成黄河等主要水系的标注设置，如图 1-6-25 所示。

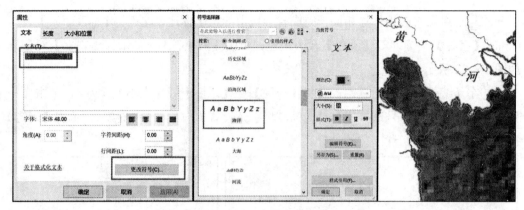

图 1-6-25　主要水系标注

6．地图整饰

（1）设置格网

①打开版面视图，在【内容列表】中的【数据组】上右键单击【属性】命令，在【数据库 属性】对话框中选择【格网】选项页。

②单击【新建格网】按钮，打开【格网和经纬网向导】对话框，按照默认的格网建立向导，建立索引参考格网，注意：如图 1-6-26 所示，将【创建经纬网】对话框中的【放置经线间隔】和【放置经线间隔】调整为 2°。

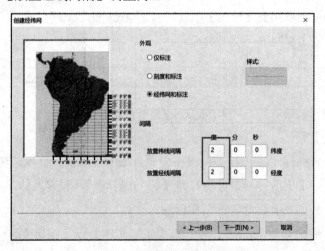

图 1-6-26　经纬网间隔设置

③选择中图面内容，右击【属性】进入【数据库 属性】对话框，选择【样式】进入【参考系统选择器】，选择【属性】进入【参考系统对话框】。如图 1-6-27 所示，设置字体大小（24），加粗。

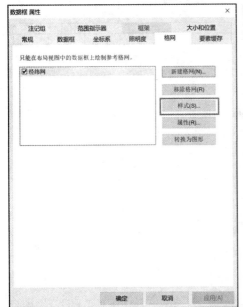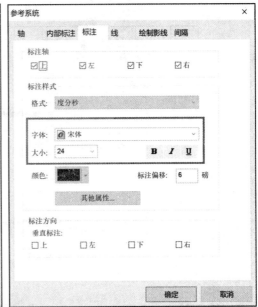

图 1-6-27　经纬网注记字体设置

（2）添加图幅整饰要素

①单击【插入】下的图例命令，打开【图例向导】对话框，选择需要放在图例中的字段，由于要素较多，可以使用两列排列图例。单击【下一步】选择图例的标题名称、标题字体等。单击【下一步】设置图例框的属性。单击【下一步】改变图例样式。单击【完成】，完成添加，将图例框拖放到合适的大小和位置。

②单击【插入】下的【指北针】命令，打开【指北针选择器】对话框，选择符合要求的指北针插入到图幅左上角空白处。

③单击【插入】下的【比例尺】命令，打开【比例尺选择器】对话框，选择符合要求的比例尺插入到图廓正下方空白处。

④添加图名：四川省行政区划图，设置字体（华文新魏）、大小（72），加粗，完成图名标注；添加绘图员和绘图日期，插入到图幅的下方。

⑤完成整饰要素的添加后，对其位置和大小进行整体调整，以使图面美观简洁，将设置好的地图文档保存为"四川行政区划图.mxd"，如图 1-6-28 所示。

图 1-6-28   地图输出

7．地图输出

制作好的地图可以导出为多种文件格式：如 JPG、PDF 和 TIFF 等。

执行菜单命令：【文件】执行【导出地图】命令，命名输出地图的名称、选择输出地图的格式、设置输出地图的分辨率等，最终完成专题地图的绘制和输出，如图 1-6-29 所示。

图 1-6-29   地图输出结果

基础实验七

空间插值

一、实验要求

选取某研究区，根据某种属性利用空间插值方法进行空间插值分析。理解空间插值的基本原理；掌握空间插值操作环境设置、插值结果裁剪、图形可视化等方法的综合运用；重点掌握反距离权重法、普通克里金法两种插值方法。

二、实验基本背景

空间数据插值是进行数据预测的一种方法，是 GIS 数据处理中最常用的一种方法，广泛应用于生成等值线、等值面、建立 DEM 模型、不同区域范围某现象的空间分布特征研究中。插值通常也称为内插，对于点数据而言，是由点数据转化为面数据的一种重要方法。

本实验具有重要的实际应用价值，广泛应用于自然科学、人文社会科学，典型应用场景：如某区域大气污染物浓度的分布、某区域土壤污染的状态分布、某区域的降水（温度）等气象因子空间分布、经济社会指标的空间分布（人口密度等）等。

针对点的内插，需要两个基本条件：已知点（样本点、观测点、控制点）和插值方法。空间插值从不同角度出发有多种分类方法：①根据内插点的分布范围，可分为整体内插法、局部内插法；整体内插法通常采用 N 次多项式拟合进行插值计算；局部内插法又可分为分块内插法（具体有线性插值法、双线性多项式内插法、二元样条函数内插法和双三次多项式内插法）、逐点内插法（具体有移动拟合法、加权平均法、克里金法）。②精确插值法和非精确插值法：精确插值法的特点是在该点的估算值与该点已知值相同；相反，对于非精确插值方法，它们的值不相同。③确定性插值法和随机性插值法：确定性插值法不提供预测值的误差检验，随机性插值法考虑变量的随机性和用估计变异提供预测误差的评价。

1．反距离权重法（IDW）

反距离权重法是一种精确插值方法，它假设未知值的点受近距离已知点的影响比远距离已知点的影响更大。该法的通用公式为

$$z_0 = \left(\sum_{i=1}^{s} z_i \cdot \frac{1}{d_i^k} \right) \bigg/ \left(\sum_{i=1}^{s} \frac{1}{d_i^k} \right)$$

式中，z_0 为未知点的估计值；z_i 为已知点 i 的 z 值；d_i 为它们之间的距离；s 为已知点的数目；k 为指数。

2．克里金法（Kriging）

克里金法是一种用于空间插值的地统计学方法，可用估计的预测误差来评估预测的质量。假设某种属性的空间变异既不是完全随机性的，也不是完全确定性的。空间变异可能包括三种影响因素：表征区域变量变异的空间相关因素，表征趋势的漂移或结构，随机误差。

对上述因素的不同理解形成不同的克里金法。普通克里金法是应用较多的克里金插值方法，它假定采样点不存在潜在的全局趋势，只用局部因素就可以很好地估测未知值。通用克里金法假设存在潜在趋势，可以用一个确定性的函数或多项式来模拟。

克里金插值法可以简单表达为

$$Z(s) = \mu(s) + \varepsilon(s)$$

式中，s 为不同位置的点，可认为是用经纬度表示的点；$Z(s)$ 为 s 处的属性变量值，它可以分解为趋势项 $\mu(s)$ 和自相关随机误差项 $\varepsilon(s)$。

根据上述公式中两项的不同要求，可以形成不同的克里金插值方法。

①对于趋势项 $\mu(s)$，可以简单地赋予一个常量，如果该常量是未知的，则构成普通克里金模型；

②若 $\mu(s)$ 为空间坐标的函数

$$\mu(s) = \beta_0 + \beta_1 x + \beta_2 y + \beta_3 x^2 + \beta_4 y^2 + \beta_5 xy$$

上述是一个二阶多项式趋势面方程。如果趋势面方程中的回归系数是未知的，就构成了通用克里金模型（或称为泛克里金模型）；如果在任何时候趋势是已知的，无论趋势是否是常量，就构成了简单克里金模型。

③对 $Z(s)$ 作变换，将其转变为指示变量，即采用阈值进行分割，高于阈值的为 1，低于阈值的为 0，构成指示克里金模型。

④如果有多个变量参与插值计算，这种基于多个变量的克里金模型即变成协同克里金模型。

3．空间插值方法的比较

验证和交叉验证是进行插值方法比较时常用的统计技术。验证是将已知点分成两组样本，一组用于建立模型，另一组用于验证模型的精度。而交叉验证重复以下步骤，实现比较：

①从数据集中除去一个已知点的测量值。

②用保留点的测量值估算除去点的值。

③比较原始值和估算值，计算估计值的预计误差。

针对每个点进行上述步骤，然后计算统计值。两个常用的诊断统计值为均方根（RMS）误差和标准均方根误差。

$$\text{RMS} = \sqrt{\frac{1}{n}\sum_{i=1}^{n}(z_{i,\text{act}} - z_{i,\text{est}})^2}$$

$$标准\ \text{RMS} = \text{RMS}/s$$

式中，n 为测量的点数；$z_{i,\text{act}}$ 为 i 点的已知值；$z_{i,\text{est}}$ 为 i 点的估算值；s 为标准差。

判别模型优劣的标准：RMS 越小，插值效果越好。对于克里金方法，RMS 较小，且标准均方根接近 1，插值效果较好。

4．软件的实现

ArcGIS 中实现插值功能可选择：①空间分析工具箱；②三维分析工具箱；③地统计工具箱。其中，地统计工具箱的插值方法较全面。

三、实验内容

本实验以某区域的空气污染物浓度插值为例（以点的插值为例），分别采用反距离权重法、普通克里金法进行插值计算，主要内容如下：

①打开需要进行插值的点数据图层，确定待插值的属性字段。

②进行环境处理范围的设定。

③选取相应的插值方法根据操作窗口进行处理。

④若设置好处理范围，进行插值结果的可视化编辑；若没设置好处理范围，按研究区边界进行裁剪得到研究区的插值结果。

四、实验数据

本实验数据详见表 1-7-1。

表 1-7-1　本实验数据属性

数据	文件名称	格式	说明
1	Bound	.shp	某区域的点数据，包含有反映污染物浓度的字段及数值
……			

五、实验主要操作过程及步骤

方法一：反距离权重法

（1）插值数据的添加

启动 ArcMap，加载目标点数据图层"ca_pm10_pts"，加载研究区范围图层"ca_outline"，结果见图 1-7-1。

（2）选取插值方法——反距离权重法

从【3D Analyst Tool】下选择【Raster Interpolation】，再展开菜单选择【IDW】工具，双击，打开后如图 1-7-2 所示。

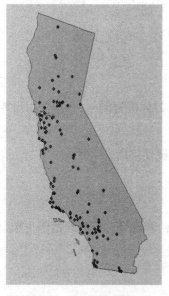

图 1-7-1　数据加载

图 1-7-2　IDW 参数设置

（3）根据要求，输入参数

①输入点数据，点击下拉三角形符号，加载"ca_pm10_pts"。

②选取需要插值的字段："PM10AGM"。

③设置输出结果路径及名称，设置输出的像元大小。

④设置需要的幂次方（本实验选 2），选择搜索半径方法，该栏下默认点数为"12"，可以根据实际情况，改变此数值。

（4）点取下方的按钮【Environments】，进行处理环境设置，点开第三行"-Processing Extent"，将处理范围设置为与 ca_outline 一致，下方的输入障碍多线特征为可选择项。设置完，点击【OK】，运行。得到图 1-7-3，若未设置处理范围，仅以已知点的矩形范围为插值范围，且得到图 1-7-4。

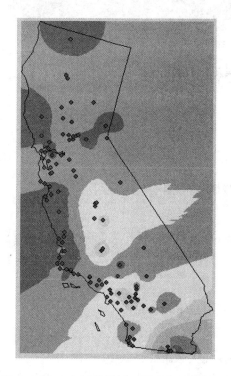
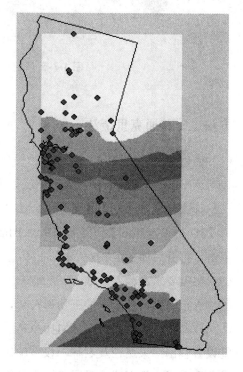

图 1-7-3 IDW 插值结果（设置处理范围）　　图 1-7-4 IDW 插值结果（未设置处理范围）

（5）进行裁剪。展开【Spatial Analysis Tools】工具，选取【Extract】下的【Extract by mask】工具，进行裁剪操作。根据需要，进行分类可视化，本实验采用自然断裂法，结果分为 4 类，见图 1-7-5。

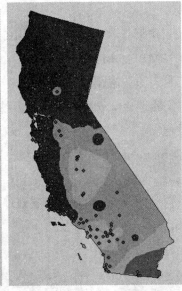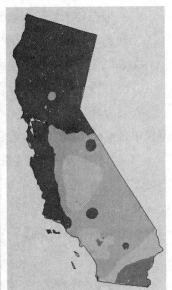

（a）裁剪结果　　　　　　　　（b）符号化显示　　　　　　　　（c）重分类后结果

图 1-7-5　裁剪结果及其可视化

方法二：普通克里金法

（1）插值数据的添加

启动 ArcMap，加载目标点数据图层，加载研究区范围图层，数据同上。

（2）选取插值方法——普通克里金法

从【3D Analyst Tool】下选择【Raster Interpolation】，再展开菜单选择【Kriging】工具，双击，打开后如图 1-7-6 所示。

（3）根据要求，输入参数

①输入点数据，点击下拉三角形符号，加载"ca_pm10_pts"。

②选取需要插值的字段："PM10AGM"。

③设置输出结果路径及名称，设置输出的像元大小。

④选取普通克里金法，采用球模型，选择搜索半径方法，该栏下默认点数为"12"，可以根据实际情况，改变此数值。

（4）点取下方的按钮【Environments】，进行处理环境设置，点开第三行"-Processing Extent"，将处理范围设置为与 ca_outline 一致，下方的输入障碍多线特征为可选择项。设置完，点击【OK】，运行。得到图 1-7-7。

（5）裁剪和分类可视化。具体操作同方法一。结果见图 1-7-8。

图 1-7-6　参数设置界面　　　　图 1-7-7　插值结果　　　　图 1-7-8　裁剪结果

方法三：地统计工具中的普通克里金法操作

（1）加载地统计工具条。在菜单区空白处点击右键，弹出菜单条，点选【Geostatistical Analysis】，即：

。

（2）点选下拉菜单，选择地统计向导（Geostatistical Wizard），进入地统计设置操作界面。在【Input Data】，选择数据及需要插值的属性字段，如图 1-7-9 所示。选择克里金法，进入下一界面。

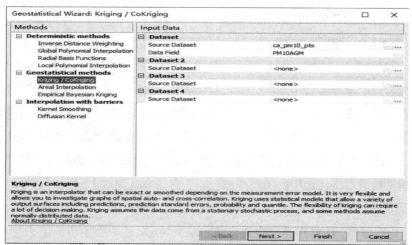

图 1-7-9　克里金法选择界面

（3）选择普通克里金法。右侧设置是否需要对原始数据作变换（本实验选对数变换），趋势移除的阶次设置为"none"，进入下一步。

（4）图 1-7-10 为半变异/协方差模型的对话框界面，在【General】下，可以点选【Optimize model】，会自动优化模型，本次实验不点选该按钮；【Variable】对应选择【Semivariogram】；【Model Nugget】为块金模型，此处设为"true"，【Measurement Error】栏采用默认值 100；选择模型 1 为 stable，各向异性【Anisotropy】为 False，Lag 栏下为默认的计算值，点击【下一步】，进入邻域搜索设置界面。

（5）在邻域搜索界面，【Neighborhood type】下设置插值范的类型，"Standard"为点数据的外接矩形，"Smooth"为样点领域搜索的并集范围。【Maximum neighbors】下设置搜索半径内使用的样点最多个数，8；【Minimum neighbors】下设置搜索半径内使用的样点最少个数，4；【Sector type】下进行区域扇区形状的选择，4 Sectors with 45° offset；【Copy from Variogram】下决定是否从变异函数中拷贝数据，True。见图 1-7-11。

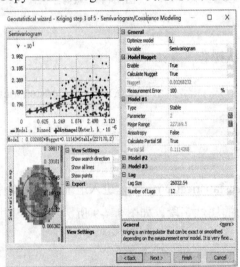

图 1-7-10　模型特性设置

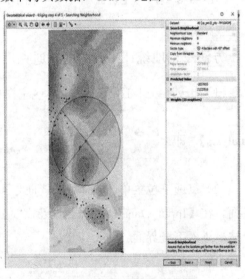

图 1-7-11　搜索邻域设置

（6）交叉验证结果见图 1-7-12，在交叉验证对话框中，给出了模型精度的评价结果（指标）。判断标准为：标准平均值接近于 0，均方根最小，平均标准误差最接近于 1。单击【完成】，弹出一个模型的总结窗口，点击【确认】，得到普通克里金法的插值结果，见图 1-7-13。此时，插值结果没有覆盖到整个研究区的范围，下面进行范围调整。

（7）调整插值范围。选中插值结果图层，右键进入【属性】设置对话框，在里面选中【Extent】，选择范围同 ca_outline 一致，见图 1-7-14。

（8）为进行裁剪，需要将克里金插值法的结果导出，选中克里金插值法的结果图层，右击【数据】—导出至栅格，确定路径和名称，见图 1-7-15；然后进行裁剪，按自然断裂法分 5 类，得到最终结果，见图 1-7-16。

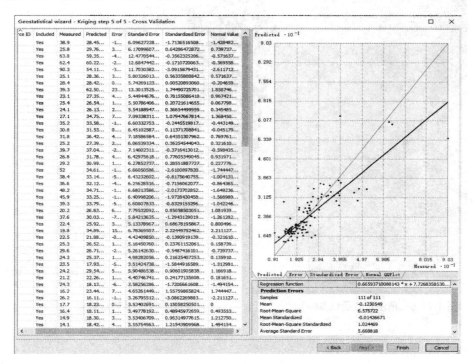

图 1-7-12　交叉验证

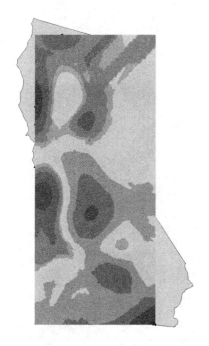

图 1-7-13　插值结果

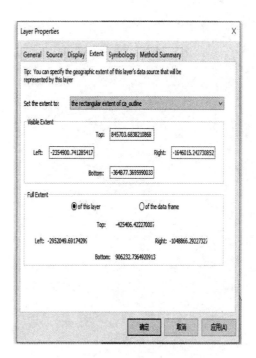

图 1-7-14　范围选择界面

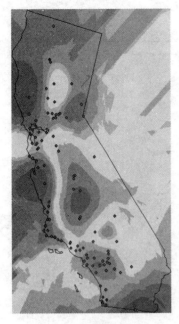

图 1-7-15 范围更改后结果

图 1-7-16 裁剪后结果

基础实验八

DEM 分析

一、实验要求

了解数字高程模型（Digital Elevation Model，DEM）的分类及其应用意义；掌握基于数字地形表面、遥感影像以及 3D 模型在 ArcScene 模块中进行三维场景虚拟的方法；熟练掌握基于规则格网 DEM 的地形因子提取、可视化等分析的方法和步骤。

二、实验基本背景

数字高程模型是通过有限的地形高程数据，通常是数字高程点数据（x，y，z），实现对地面地形的数字化模拟，是对地球表面地形地貌的数学表达。数字高程模型作为各种地理信息的载体，是地学分析的基础。由于 DEM 描述的是地面高程信息，它在测绘、水文、气象、地貌、地质、工程建设、通信和军事等国民经济和国防建设以及人文和自然科学领域有着广泛的应用。DEM 分析是 GIS 空间分析的重要内容，通过 DEM 可实现地理数据的分析处理和可视化。如在测绘中，用于绘制等高线、坡度图、坡向图和立体景观图，并应用于制作立体地形模型等；在工程建设上，可用于土方量等体积指标类的计算、剖面分析、通视分析等；在环境与规划方面，DEM 是进行水文分析、土地利用现状分析等的基础。

三、实验内容

首先主要介绍利用数字高程模型的意义、类型，其次利用规则格网 DEM 进行地形因子提取分析、可视分析及利用 ArcScene 进行三维场景虚拟分析。具体内容如下：

①基于 DEM 的地形因子提取。

②基于 DEM 的可视分析。

③基于 DEM 的三维场景虚拟。

四、实验数据

本实验数据详见表 1-8-1。

表 1-8-1　本实验数据属性

数据	文件名称	格式	说明
1	舒城县 DEM 数据	.tif	数字高程模型（30 m 分辨率）
2	舒城县 2010 年 TM 影像	.tif	遥感影像图
3	观测点	.shp	矢量点
4	建筑物模型	.skp	三维模型

五、实验主要操作过程及步骤

以"舒城县 DEM 数据"为例，利用 ArcGIS 分别提取坡度、坡向、坡度变率和地形起伏度；然后对 DEM 数据进行可视化分析，如通视分析、视域分析；最后基于 DEM 数据在 ArcScene 模块中生成三维地表，然后叠加舒城县遥感影像，再通过 SketchUp 软件绘制 3D 建筑物叠加到地表后进行三维场景虚拟。

1．基于 DEM 的地形因子提取

（1）坡度的提取

坡度是地表单元陡缓倾斜的程度，坡度的表示方法有百分比法、度数法、密位法和分数法等，其中度数法和百分比法应用较为普遍。

①度数法。用度数来表示坡度（φ），主要是利用反三角函数进行计算提取，如图 1-8-1 所示。其公式如下：

$$\tan\varphi = 高程差/水平距离$$

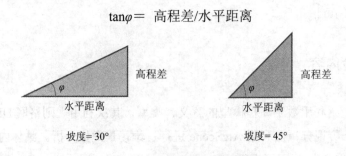

图 1-8-1　度数法的坡度定义

②百分比法。在表示坡度时，也可将度数表示的坡度值转化为对应的百分比来进行表达，即主要利用两点的高程差与其水平距离的百分比来表示，如图 1-8-2 所示。其计算公式如下：

$$坡度百分比＝（高程差/水平距离）×100\%$$

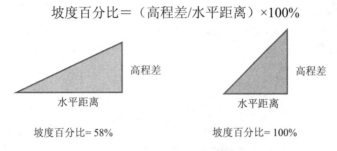

图 1-8-2　百分比法的坡度定义

对于地形因子提取，可以基于规则格网 DEM 和 TIN 等不同类型的 DEM 进行计算，以下基于栅格 DEM 数据进行地形因子提取，本例中的栅格 DEM 数据带有地理坐标系和投影信息（未投影数据易导致因子提取发生错误）。

第一步：打开 ArcGIS，加载 DEM 数据："shucheng_dem.tif"，如图 1-8-3 所示。

图 1-8-3　加载 DEM 数据

第二步：在【ArcToolbox】中选择【Spatial Analyst】工具—【表面分析】—【坡度】，打开坡度对话框。单击【输入栅格】选择输入栅格数据集 "shucheng_dem.tif"；在【输出栅格】设置输出路径和名称；选择输出测量单位，默认选项为 DEGREE（°），如图 1-8-4 所示。

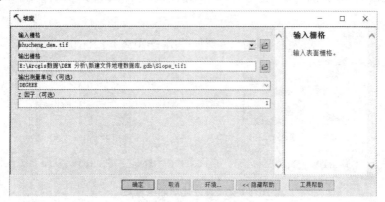

图 1-8-4　【坡度】对话框 1

点击【确定】，得到舒城县坡度图，如图 1-8-5 所示。

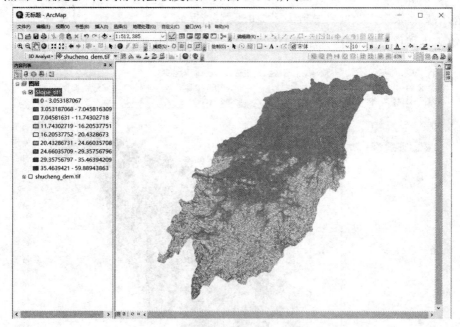

图 1-8-5　坡度

（2）坡向的提取

坡度变化的方向称为坡向，将其定义为地表单元的法向量在水平面上的投影与 X 轴之间的夹角。坡向计算的范围是 0°～360°，以正北方 0°为开始，按顺时针至正北方以 360°结束。通常用度数来表示，范围为 0°～360°，在 ArcGIS 中除了平缓坡用−1 表示，其余坡向分别用 1～8 来表示正北、东北、正东、东南、正南、西南、正西、西北各个方向。

　　在 ArcToolbox 中选择【Spatial Analyst】工具—【表面分析】—【坡向】，出现坡向对话框，单击【输入栅格】，选择输入栅格数据集"shucheng_dem.tif"；在【输出栅格】中设置输出路径和名称，如图 1-8-6 所示。

图 1-8-6　【坡向】对话框

　　点击【确定】，得到坡向结果如图 1-8-7 所示。

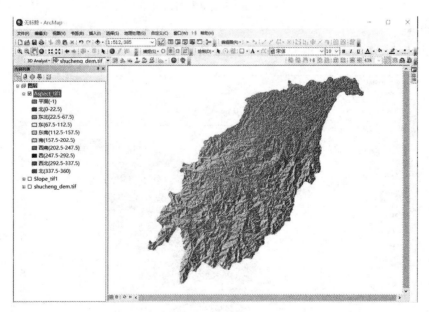

图 1-8-7　坡向

（3）坡度变率的提取

坡度是地面高程变化率，而坡度变率即为地面高程相对于水平面变化的二阶导数。

根据其定义，可以在提取地面坡度之后再一次对地面上每一点提取坡度。基于 DEM 数据，利用表面分析提取每一个栅格点的坡度值，将结果再一次进行坡度提取后得到坡度变率。

选择【ArcToolbox】—【Spatial Analyst】工具—【表面分析】—【坡度】，打开坡度对话框。单击【输入栅格】选择输入栅格数据集（即之前生成的坡度数据）："Slope_tif1"；在【输出栅格】设置输出路径和名称；选择输出测量单位，默认选项为 DEGREE（°），如图 1-8-8 所示。

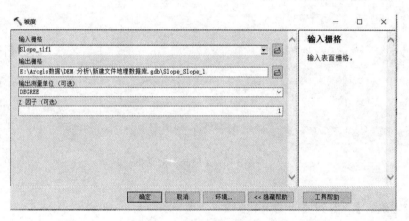

图 1-8-8 【坡度】对话框 2

点击【确定】，得到坡度变率如图 1-8-9 所示。

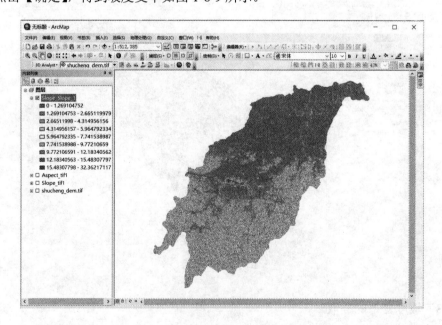

图 1-8-9 坡度变率

（4）地形起伏度的提取

地形起伏度是指在指定的范围内，最高点和最低点海拔高度的差值。根据定义，可以采用邻域分析的方法，先求出研究区域内的最大高程值和最小高程值，然后利用栅格计算器求差值。

第一步：提取海拔高度最大值。选择【ArcToolbox】—【Spatial Analyst】工具—【邻域分析】—【焦点统计】，输入 DEM 数据，【邻域分析】默认设置为"矩形"，同样【邻域设置】中的【高度】和【宽度】都默认为"3"，【单位】为"像元"，【统计类型】选择"MAXIMUM"，如图 1-8-10 所示。

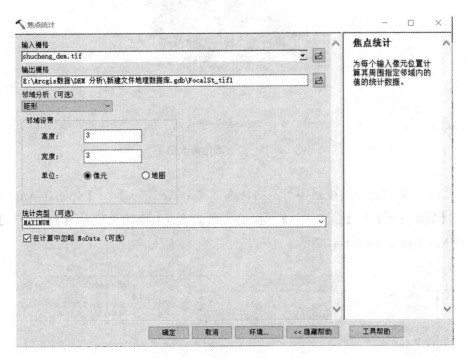

图 1-8-10 【焦点统计】对话框 1

点击【确定】，得到海拔高度最大值如图 1-8-11 所示。

图 1-8-11　海拔高度最大值

第二步：提取海拔高度最小值。同样选择【ArcToolbox】—【Spatial Analyst】工具—【邻域分析】—【焦点统计】，输入 DEM 数据，其余选项默认，【统计类型】选择"MINIMUM"，如图 1-8-12 所示。

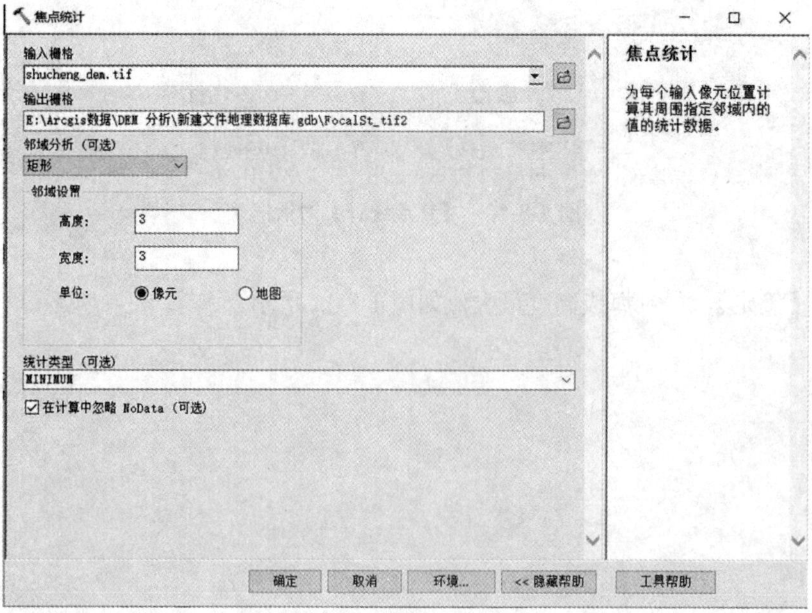

图 1-8-12　【焦点统计】对话框 2

点击【确定】，得到海拔高度最小值，如图 1-8-13 所示。

图 1-8-13 海拔高度最小值

第三步：求差值，选择【ArcToolbox】—【Spatial Analyst】工具—【地图代数】—
【栅格计算器】，输入地图代数表达式："FocalSt_tif1"-"FocalSt_tif2"，输出栅格，如图
1-8-14 所示。

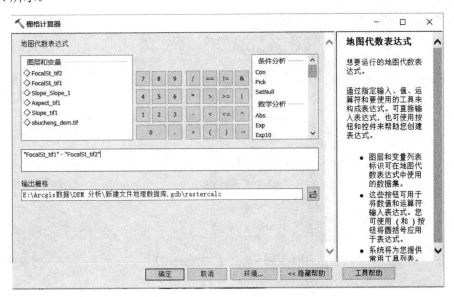

图 1-8-14 栅格计算器

点击【确定】，得到地形起伏度如图 1-8-15 所示。

图 1-8-15　地形起伏度

2. 基于 DEM 的可视分析

第一步：通视分析。在 ArcGIS 主菜单空白处点击右键，勾选【3D Analyst】，如图 1-8-16 所示，出现工具条，如图 1-8-17 所示。

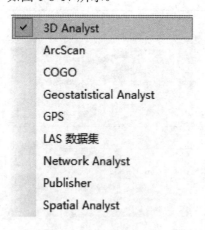

图 1-8-16　勾选【3D Analyst】

图 1-8-17　【3D Analyst】工具条

单击【创建视线】工具 ，创建观察点到目标查询点的视线，打开【通视分析】对话框，如图 1-8-18 所示。

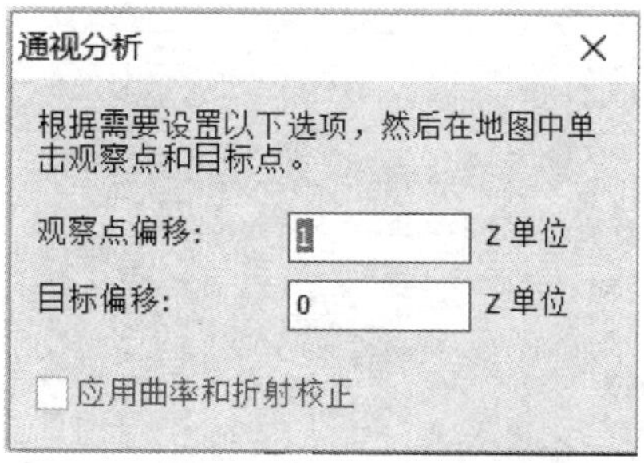

图 1-8-18　【通视分析】对话框

其中，【观察者偏移】表示离开地面的高度，【目标偏移】表示目标高于地面的高度，因此设置【观察者偏移】为"1"，【目标偏移】为"0"，即观察点离地面 1 个单位，目标点位置离地面 0 个单位。点击回车键，然后在 DEM 表面分别点击确定观察者和目标点的位置，出现通视线，如图 1-8-19 所示，红色表示不可视，绿色表示可视。

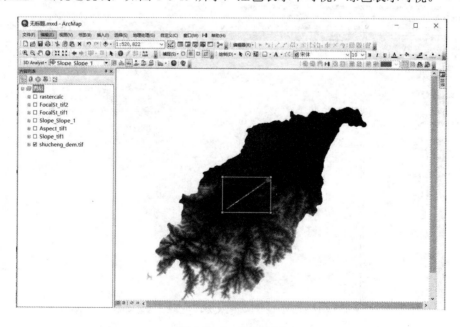

图 1-8-19　通视分析

第二步：视域分析。选择【ArcToolbox】—【3D Analyst】工具—【可见性】—【视域】，出现对话框如图 1-8-20 所示，输入 DEM 数据以及观察点，输出栅格。

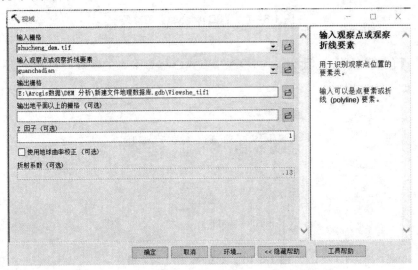

图 1-8-20　【视域】对话框

点击【确定】，得到结果如图 1-8-21 所示，图中显示观察点（图中绿点）的视场范围，绿色表示可见区域，红色表示不可见区域。

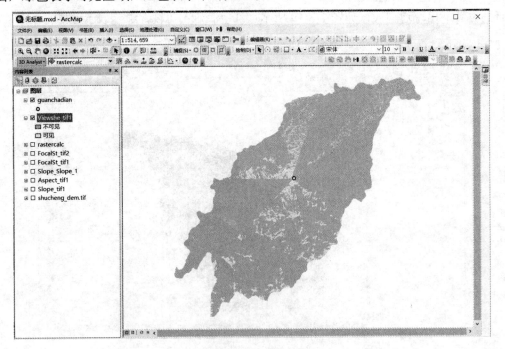

图 1-8-21　视域分析

3．基于 DEM 的三维场景虚拟

本部分内容主要以 ArcGIS 和第三方三维绘制软件结合进行三维场景的虚拟分析，主要以舒城县为例，需要的数据有舒城县 DEM 数据以及遥感影像数据。第三方软件主要以 Sketchup 为例进行三维建筑物绘制，然后导出数据，叠加至研究区的地形中，完成三维场景的虚拟分析。

第一步：利用 DEM 生成三维地表。打开 ArcScene，加载 DEM 数据，如图 1-8-22 所示。

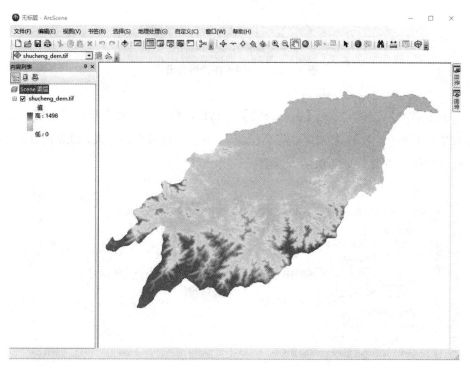

图 1-8-22　加载 DEM 数据

右击 DEM 数据图层，点击【属性】，出现【图层属性】对话框，点击【基本高度】，在【从表面获取的高程】中选择"在自定义表面浮动"，然后点击【栅格表面分辨率】，在出现的对话框中，将基表面 X、Y 的像元大小以及行列值调整为与原始表面一致，如图 1-8-23 所示。

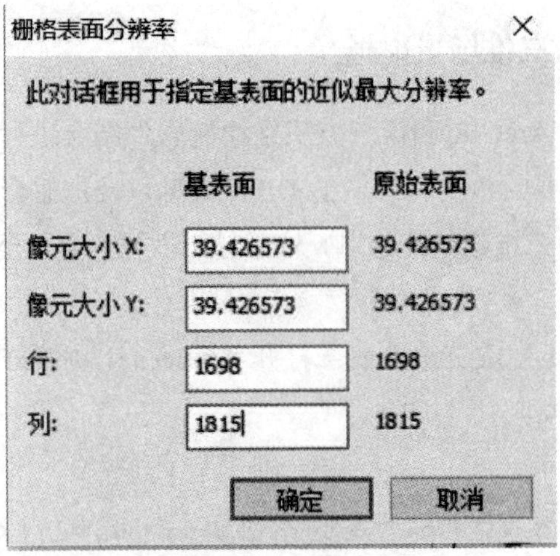

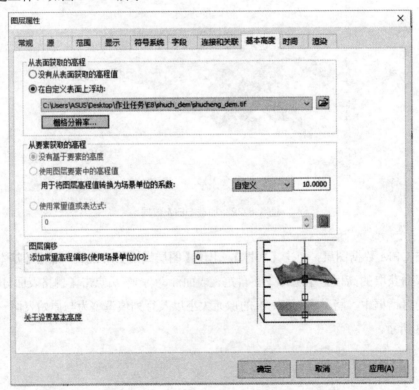

图 1-8-23 栅格表面分辨率设置

点击【确定】之后，回到【图层属性】对话框，将【用于将图层高程值转换为场景单位的系数】改为"自定义：10"，将高程放大 10 倍，场景系数越大，地形起伏就越大，图像就越立体。如图 1-8-24 所示。

图 1-8-24 图层属性设置对话框 1

点击【确定】，得到结果如图 1-8-25 所示。

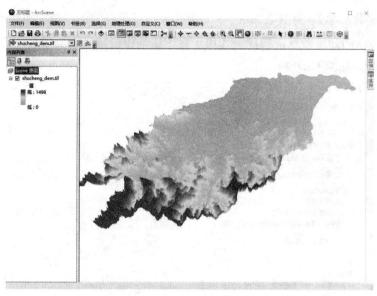

图 1-8-25　DEM 三维显示

第二步：叠加遥感影像。在 ArcScene 中添加遥感影像"yingxiang.tif"，如图 1-8-26 所示。

图 1-8-26　添加遥感影像

右击遥感影像图层，点击【属性】，出现【图层属性】对话框，点击【基本高度】，在【从表面获取的高程】中选择"在自定义表面浮动",并选择 DEM 数据作为参照,同样设置【栅格分辨率】,将基表面 X、Y 的像元大小以及行列值调整为与原始表面一致,为与 DEM 显示的高度一致,同样将【用于将图层高程值转换为场景单位的系数】改为"自定义:10",如图 1-8-27 所示。

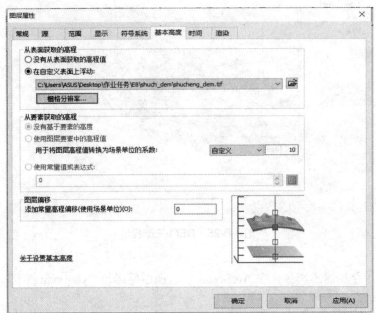

图 1-8-27　图层属性设置对话框 2

点击【确定】,得到结果如图 1-8-28 所示。

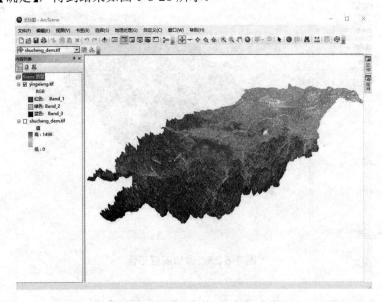

图 1-8-28　影像与地形叠加显示

第三步：通过 SketchUp 绘图软件绘制一些 3D 建筑物。SketchUp 是一款三维建筑设计工具，可以快速方便地创建、观察和修改三维图形。其界面简洁，容易操作，适用范围广，广泛应用于建筑、园林、城市规划设计以及室内设计等，并且与 AutoCAD、3DMAX 等软件兼容性良好，同时也可以导出多种软件格式。本部分内容主要利用 SketchUp 软件中的直线、推/拉、材质等工具绘制简单的建筑模型并保存为"SketchUp Version 6"类型，然后在 ArcScene 模块中通过新建多面体要素类，将 SketchUp 模型文件添加到场景中。以某一建筑物为例，绘制的主要步骤如下：

首先打开 SketchUp 软件，如图 1-8-29 所示。

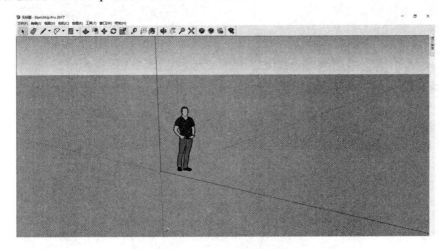

图 1-8-29　打开 SketchUp 软件

在工具栏中选择【直线工具】，绘制建筑物底座，如图 1-8-30 所示。

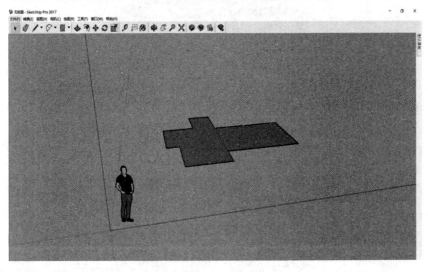

图 1-8-30　绘制建筑物底座

然后选择【推/拉工具】，将建筑物拉伸到一定高度，如图 1-8-31 所示。

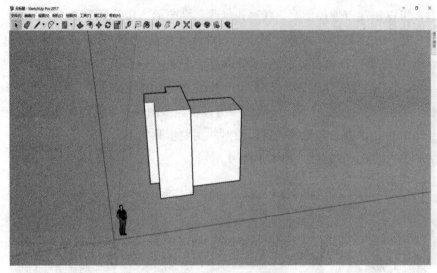

图 1-8-31　推/拉建筑物

然后绘制建筑物墙体颜色，点击【材质】按钮，右侧出现【默认面板】—【材料】，如图 1-8-32 所示。

图 1-8-32　【材料】对话框

选择适合的颜色填充墙体，得到结果如图 1-8-33 所示。

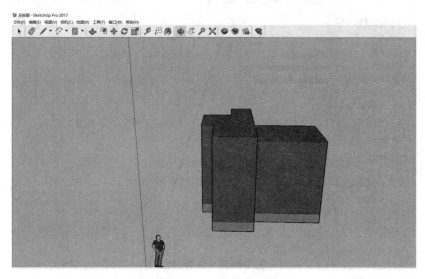

图 1-8-33　绘制墙体颜色

最后用相同方法绘制多个建筑物，如图 1-8-34 所示。

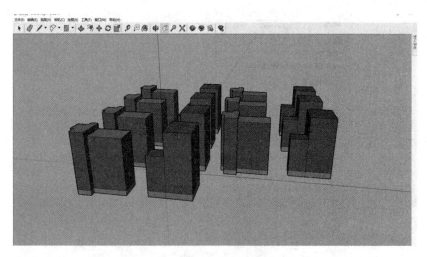

图 1-8-34　利用 SketchUp 绘制的建筑物

点击左上角【文件】—【另存为】，保存为"jianzhuwu.skp"，如图 1-8-35 所示。

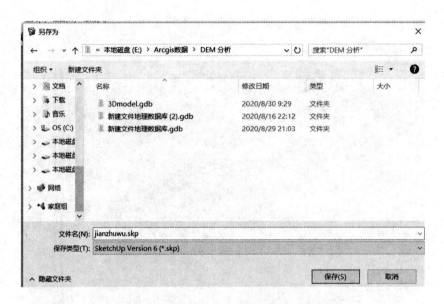

图 1-8-35　保存模型

第四步：在 ArcScene 软件中，点击【目录】—【新建文件地理数据库】—【新建】—【要素类】，新建一个多面体要素类"jianzhuwu"，如图 1-8-36 所示。

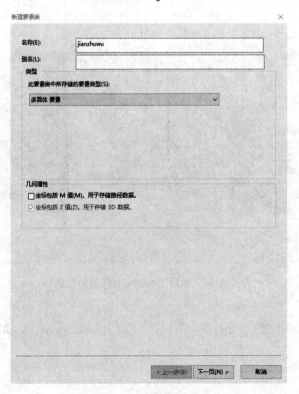

图 1-8-36　新建多面体要素

点击【下一步】，确定数据中 X、Y 坐标的坐标系，如图 1-8-37 所示，然后点击【下一步】，最后点击【确定】。

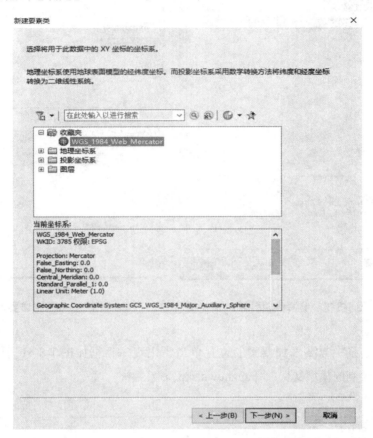

图 1-8-37　确定要素 X、Y 坐标的坐标系

第五步：将新建多面体要素类"jianzhuwu"拖到场景中。右击菜单栏，选中【3D 编辑器】，出现如图 1-8-38 所示工具条。

图 1-8-38　【3D 编辑器】工具条

点击【3D 编辑器】—【开始编辑】，选择要编辑的图层："jianzhuwu"图层，点击【确定】，如图 1-8-39 所示，在【创建要素】对话框中单击"jianzhuwu"，在【构造工具】中单击【插入工具】，如图 1-8-40 所示。

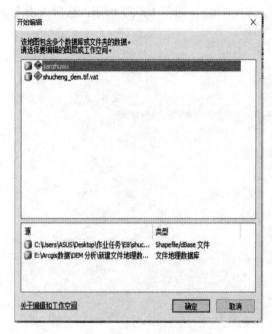

图 1-8-39　选择编辑图层　　　　　　　图 1-8-40　创建要素

　　然后在场景中需要添加要素的位置单击，出现对话框如图 1-8-41 所示，找到在 SketchUp 中绘制的模型文件："jianzhuwu.skp"。

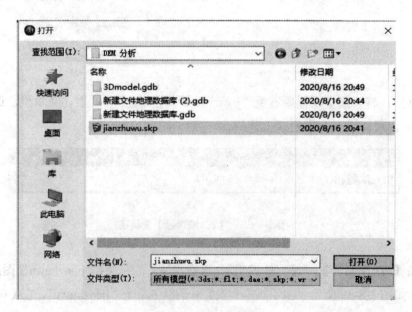

图 1-8-41　添加要素

点击【打开】，建筑物模型即被添加到场景中，如图 1-8-42 所示，然后单击【3D 编辑器】—【保存编辑内容】—【停止编辑】。

图 1-8-42 添加建筑物模型

第六步：右击"jianzhuwu"图层，选择【属性】，出现【图层属性】对话框，点击【基本高度】，在【从表面获取的高程】中选择"在自定义表面浮动"，并选择 DEM 数据作为参照，同样设置【栅格分辨率】，将基表面 X、Y 的像元大小以及行列值调整为与原始表面一致，为了较好地体现三维效果，将【用于将图层高程值转换为场景单位的系数】改为"自定义：1.2"，【图层偏移】中添加常量高程偏移设置为"260"，如图 1-8-43 所示。

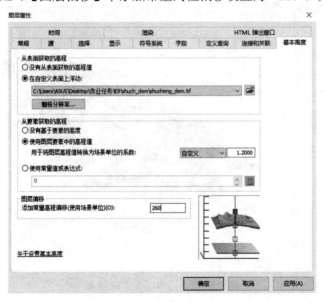

图 1-8-43 建筑物图层属性设置对话框

点击【确定】，得到结果如图 1-8-44 所示。

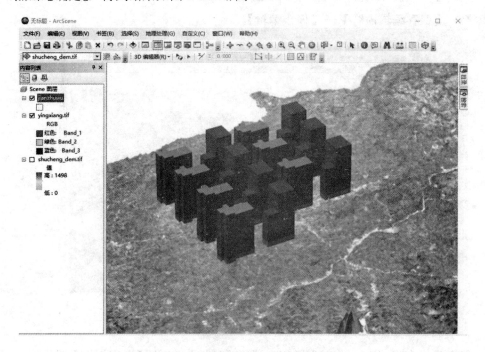

图 1-8-44　修改基本高度后的建筑物模型

最终的三维场景虚拟结果如图 1-8-45、图 1-8-46 所示。

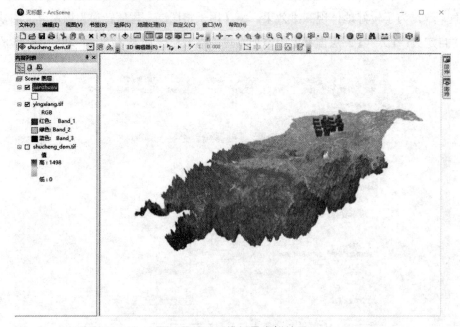

图 1-8-45　三维场景虚拟结果

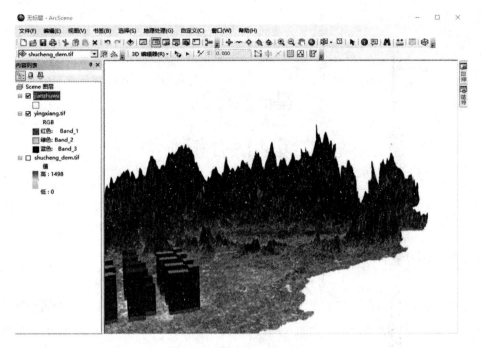

图 1-8-46　局部放大图

基础实验九

缓冲区分析

一、实验要求

了解缓冲区的原理和实现方法；掌握建立点、线、面矢量数据空间缓冲区分析的具体操作方法；掌握建立点、线、面空间对象缓冲区的栅格方法；掌握 ArcGIS 中的缓冲区实际应用操作方法。

二、实验基本背景

缓冲区是为了识别某一地理实体对周围地物的影响而在其周围建立的一定宽度多边形区域。缓冲区分析（Buffer）是用来确定不同地理要素的空间邻近性或接近程度的一种分析方法。是对选中的一组或一类地图要素（点、线或面）按设定的距离条件，围绕其要素而形成一定缓冲区多边形实体，从而实现数据在二维空间得以扩展的信息分析方法。

缓冲区分析是地理信息系统重要的空间分析功能之一，它在交通、林业、资源管理、城市规划、选址分析中有着广泛的应用，如公共设施（商场、邮局、银行、医院等）服务半径、大型水库建设引起的搬迁、湖泊和河流周围的保护区范围的定界、汽车服务区的选择、居民区远离街道网络的缓冲区的建立、城市噪声污染源所影响的一定范围、交通线两侧绿化带的划定等。缓冲区建立的目的不同，总体上涉及影响范围、服务半径等问题的可以应用缓冲区方法来解决。

三、实验内容

本实验对建立空间对象缓冲区的矢量方法和栅格方法进行分析，使用各种缓冲区工

具实现缓冲区建立。具体如下:

（1）建立点、线、面空间对象缓冲区的矢量方法

①用缓冲区向导建立缓冲区；

②用缓冲区工具建立点、线、面缓冲区；

③用多环缓冲区工具建立道路（线要素）多环缓冲区；

④基于属性值的缓冲区分析。

（2）建立点、线、面空间对象缓冲区的栅格方法

①点要素的缓冲区分析；

②线要素的缓冲区分析；

③面要素的缓冲区分析。

四、实验数据

本实验数据详见表 1-9-1。

表 1-9-1 本实验数据属性

数据	文件名称	格式	说明
1	城市停车场数据	.shp	矢量点
2	城市道路主干道数据	.shp	矢量线
3	城市区域边界数据	.shp	矢量面

五、实验主要操作过程及步骤

1．建立缓冲区的矢量方法

在 ArcGIS 空间分析中，矢量数据缓冲区的建立有两种方法：一种是用缓冲区向导建立，另一种是用缓冲区工具建立。点、线、面要素的缓冲区建立过程基本一致。

（1）用缓冲区向导建立缓冲区

缓冲区向导为建立缓冲区提供了一种简单快捷的操作方式，只需要按照向导工具的提示一步步设置参数，就可以建立要素的缓冲区。用缓冲区向导建立缓冲区的步骤如下：

第一步：在 ArcMap 窗口中，单击【自定义】—【自定义模式】，打开【自定义】对话框，切换到【命令】选项卡，选择【类别】列表框中的【工具】，然后在【命令】列表框中选择【缓冲向导】，按住鼠标左键不放拖动到已经存在的工具栏中，见图 1-9-1。

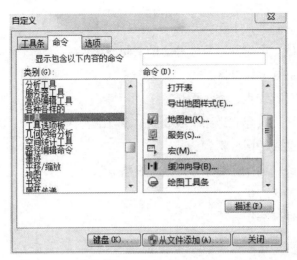

图 1-9-1 【自定义】对话框

第二步：用缓冲区向导建立缓冲区。

以 "roads.shp" 文件的缓冲距离为 500 m 的缓冲区建立为例进行介绍。加载 "roads.shp" 文件（位于 "…\E9\缓冲数据.gdb\roads.shp"）。单击【缓冲向导】图标⊩▮，打开【缓冲向导】对话框，如图 1-9-2 所示。

图 1-9-2 【缓冲向导】对话框

第三步：选中【图层中的要素】单选按钮，并在下拉框中选择建立缓冲区的图层。如果仅对选择要素进行缓冲区分析，那么选中【仅使用所选要素】复选框。单击【下一步】按钮，弹出如图 1-9-3 所示对话框。

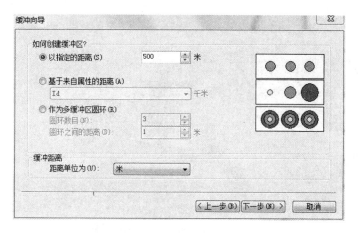

图 1-9-3　缓冲区距离设置

第四步：在【如何创建缓冲区】区域中，有三种建立缓冲区的方式：

——【以指定的距离】指以手动输入的缓冲区半径建立固定缓冲区。

——【基于来自属性的距离】指依据要素中某个字段的值建立缓冲区。

——【作为多缓冲区圆环】指建立多级缓冲区（建立一个给定环个数和间距的分级缓冲区）。

本实验选择第一种方法，指定缓冲区距离为 500 m。完成缓冲区距离设置，单击【下一步】，弹出如图 1-9-4 所示对话框。

图 1-9-4　缓冲类型及保存目录

第五步：在【缓冲区输出类型】区域中，选择缓冲区输出的类型：是否融合缓冲区之间的障碍，可以参考对话框中的示意图决定。如果使用的是面状要素，那么【创建缓冲区使其】区域就处于激活状态，可以进行各项设置。在【指定缓冲区的保存位置】中选择生成结果文件的方法。单击【完成】按钮，完成使用缓冲区向导建立缓冲区的操作，结果如图 1-9-5 所示。

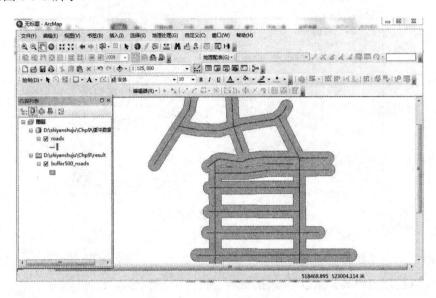

图 1-9-5　缓冲区分析结果

（2）用缓冲区工具建立缓冲区（单环缓冲和多环缓冲）

1）点要素的缓冲区分析。

以"stops.shp"文件建立缓冲区，缓冲区距离为 100 m，操作步骤如下：

第一步：在 ArcToolbox 中双击【分析工具】—【邻域分析】—【缓冲区】，打开【缓冲区】对话框，如图 1-9-6 所示。

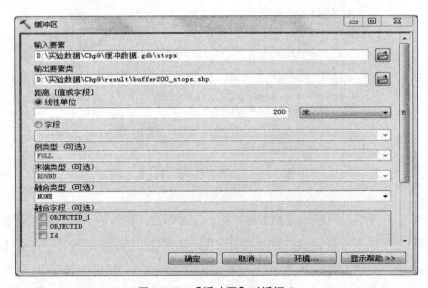

图 1-9-6　【缓冲区】对话框 1

输入【输入要素】数据（位于"…\实验数据\E9\缓冲数据.gdb\stops"），指定【输出要素类】数据。

第二步：在【距离[值或字段]】区域，有两个单选按钮：【线性单位】和【字段】。选择【线性单位】，则输入一个数值，并在下拉框中选择单位，用此值作为缓冲距离。选择【字段】，则可指定输入要素类的某个属性字段，每个要素的缓冲距离等于该要素这个属性字段的值。在此选择值为 200，单位为米。

单击【确定】按钮，完成缓冲区分析操作，结果如图 1-9-7 所示。

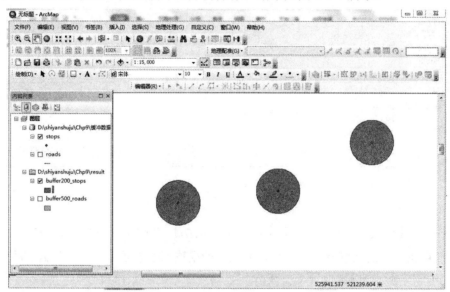

图 1-9-7 点要素缓冲区分析结果

2）线要素的缓冲区分析。

以"roads.shp"文件建立缓冲区，缓冲区距离为 300 米，操作步骤如下：

第一步：在 ArcToolbox 中双击【分析工具】—【邻域分析】—【缓冲区】，打开【缓冲区】对话框，如图 1-9-8 所示。

输入【输入要素】数据（位于"…\实验数据\E9\缓冲数据.gdb\roads"），指定【输出要素类】数据。

第二步：在【距离[值或字段]】区域，有两个单选按钮：【线性单位】和【字段】。选择【线性单位】，则输入一个数值，并在下拉框中选择单位，用此值作为缓冲距离。选择【字段】，则可以指定输入要素类的某个属性字段，每个要素的缓冲距离等于该要素这个属性字段的值。在此选择值为 300，单位为米。

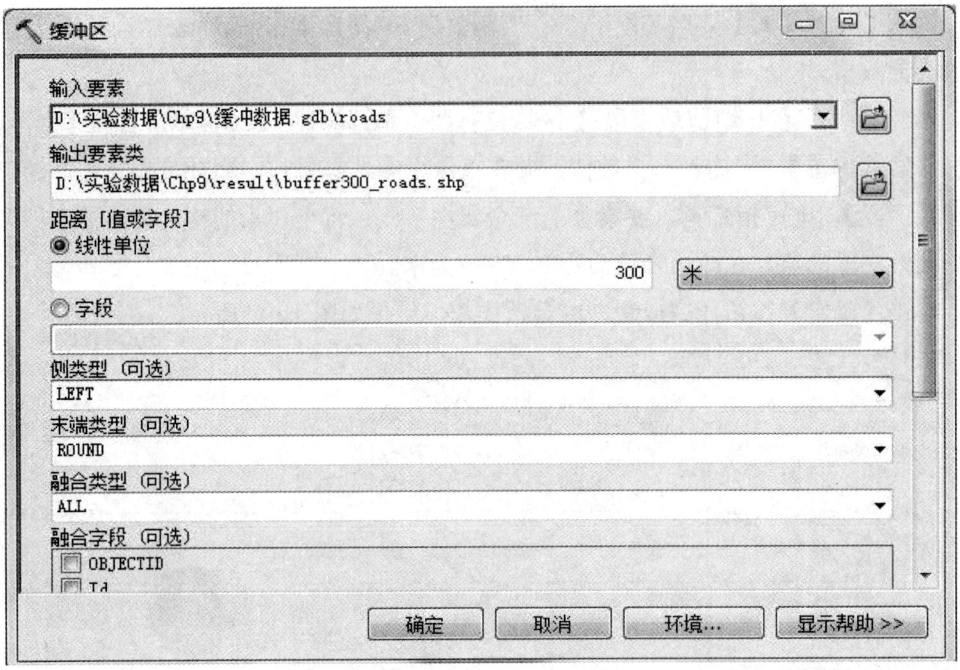

图 1-9-8　【缓冲区】对话框 2

第三步：【侧类型（可选）】下拉框中有三个选项：FULL、LEFT 和 RIGHT。

FULL 指在线的两侧建立多边形缓冲区，如果输入要素是多边形，那么缓冲区将包含多边形内的部分，默认情况下为此值。

LEFT 指在线的拓扑左侧创建缓冲区。

RIGHT 指在线的拓扑右侧创建缓冲区。

第四步：【末端类型（可选）】下拉框中有两个选项：ROUND 和 FLAT。主要用于在创建线要素缓冲区时指定线端点的缓冲区形状。

ROUND 指端点处是半圆，默认情况下为此值。

FLAT 指在线末端创建矩形缓冲区，此矩形短边的中点与线的端点重合。

第五步：【融合类型（可选）】下拉款中有三个选项：NONE、ALL、LIST。其主要作用是决定是否执行融合已消除缓冲区重合的部分，此处选择 ALL。

NONE 指不执行融合操作，不管缓冲区之间是否有重合，都完整保留每个要素的缓冲区，默认情况下为此值。

ALL 指将所有的缓冲区融合成一个要素，去除重合部分。

LIST 指根据给定的字段列表来进行融合，字段值相等的缓冲区才进行融合

单击【确定】按钮，完成线要素缓冲区操作，结果如图 1-9-9 所示。

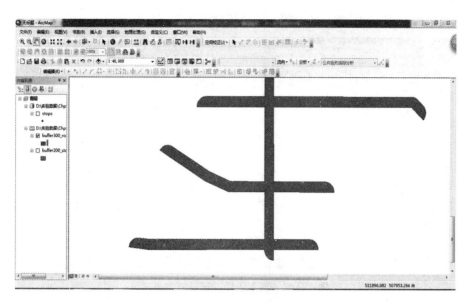

图 1-9-9　线要素缓冲区分析结果

3）面要素的缓冲区分析。

面要素建立缓冲区操作和线要素基本一致，不过面要素的缓冲区侧类型只有两种：FULL 和 OUTSIDE ONLY，FULL 是对整个面要素都建立缓冲区，OUTSIDE ONLY 是在面要素的外面建立缓冲区，针对这两种情况分别进行操作（数据位于"…\实验数据\E9\缓冲数据.gdb\boundary"）。侧类型为 FULL 的缓冲区分析结果如图 1-9-10 所示。

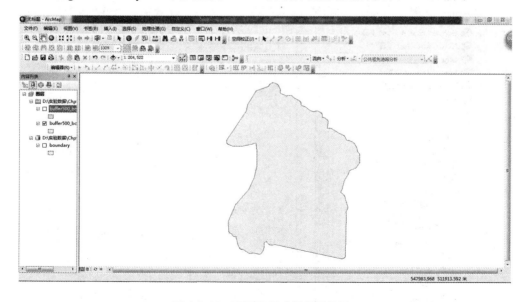

图 1-9-10　面要素缓冲区分析结果 1

侧类型为 OUTSIDE ONLY 的缓冲区分析结果如图 1-9-11 所示。

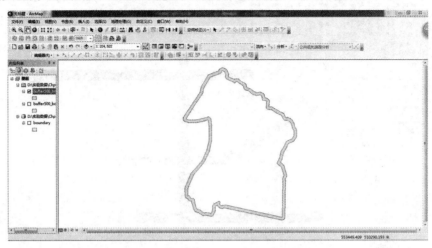

图 1-9-11　面要素缓冲区分析结果 2

（3）用多环缓冲区工具建立多环缓冲区

在输入要素周围指定不同的距离创建缓冲区，就建成了多环缓冲区（multiple ring buffer）。在输出要素类中，缓冲区要素可以是多个独立要素，也可以根据缓冲距离进行融合形成一个面状要素。多环缓冲区建立的步骤如下：

第一步：在【ArcToolbox】中双击【分析工具】—【邻域分析】—【多环缓冲区】，打开【多环缓冲区】对话框，如图 1-9-12 所示。

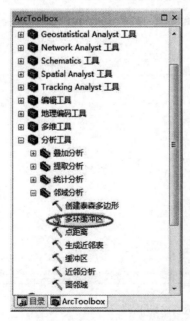

图 1-9-12　【多环缓冲区】对话框

输入【输入要素】数据（位于"…\实验数据\Chp9\缓冲数据.gdb\roads"）。指定【输出要素类】数据：D：\实验数\Chp9\result\MultipleRingBuffer_roads.shp。

第二步：在【距离】文本框中设置缓冲距离，输入距离后，单击➕按钮，可将其提交到列表中，可以多次输入缓冲距离，如 150、300、500。【缓冲区单位】为可选项，此处选择缓冲区单位"Meters"。

第三步：【融合选项（可选）】下拉框中有两个选项：ALL 和 NONE。主要作用是确定输出缓冲区是否为输入要素周围的圆环或者圆盘。

ALL 指缓冲区是输入要素周围重叠的圆环，缓冲区重叠部分将会被消除。默认情况下为此值。

NONE 指缓冲区是输入要素周围重叠的圆盘。每个缓冲区将重叠比自身具有更小缓冲区的所有缓冲区。

点击【确定】按钮，完成多环缓冲区建立，结果如图 1-9-13 所示。

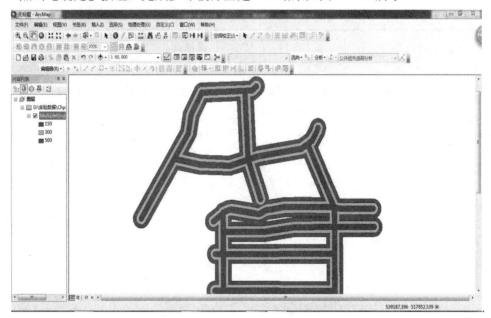

图 1-9-13　多环缓冲区分析结果

打开多环缓冲区分析结果属性表，如图 1-9-14 所示。

如果输入要素是多边形的话，图 1-9-12 中的【仅外部面（可选）】复选框参数将会被激活。这个参数用于控制输出结果缓冲区中是否包含输入多边形要素的内部。如果不选中此参数，那么最里面的缓冲区是实心的，包含输入多边形本身，如图 1-9-15 所示。如果选中此参数，那么缓冲区中最里面的缓冲区将会是空心的，不包含输入多边形本身，如图 1-9-16 所示。

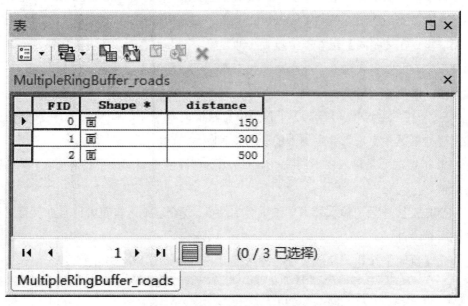

图 1-9-14　多环缓冲区属性表

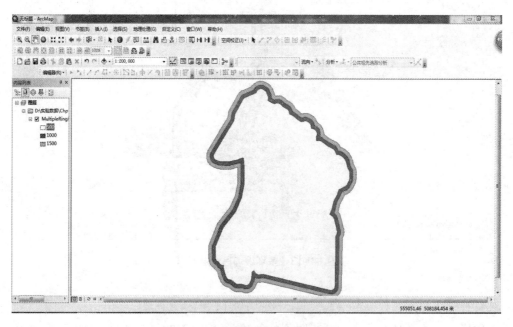

图 1-9-15　面要素多环缓冲区分析 1

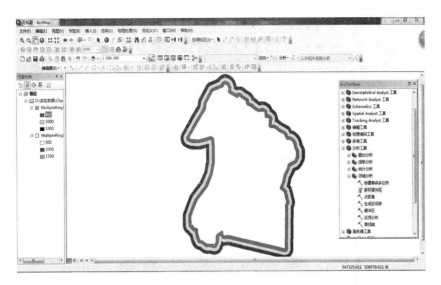

图 1-9-16　面要素多环缓冲区分析 2

注意：多环缓冲区的建立，也可以通过【缓冲向导】来实现，通过勾选【作为多缓冲区圆环（R）】来进行设置，建立一个给定环个数和间距的分级缓冲区。

（4）利用属性值进行缓冲区分析

在 ArcGIS 中，可以利用属性值进行缓冲区分析，步骤如下：

第一步：加载数据"markets.shp"（位于"…\实验数据\Chp9\缓冲数据.gdb\markets"）。在内容列表中右击【markets.shp】—【打开属性表】—单击【表选项】—【添加字段】。如图 1-9-17 所示。

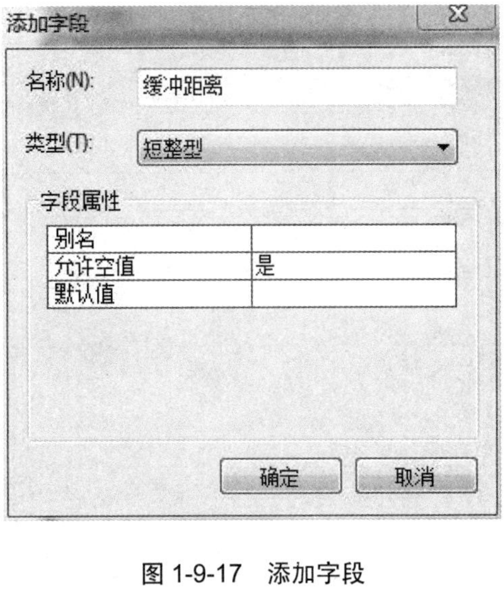

图 1-9-17　添加字段

点击【确定】建立新的字段。

第二步：打开【编辑器】，点击【开始编辑】，找到字段【缓冲距离】，开始输入每个点对应的缓冲距离，编辑结束后要点击【结束编辑】。如图 1-9-18 所示。

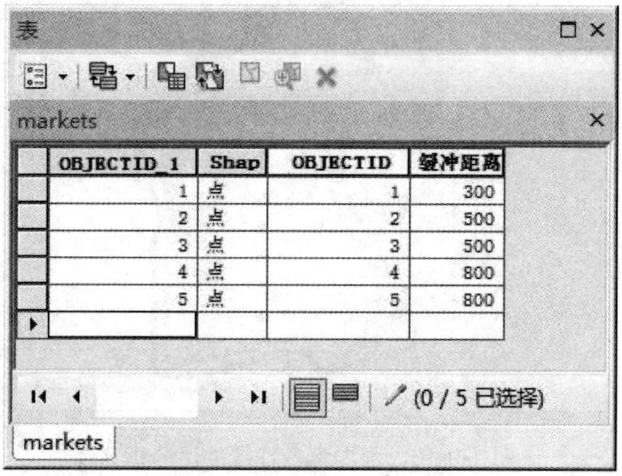

图 1-9-18　编辑缓冲距离

第三步：在【ArcToolbox】中双击【分析工具】—【邻域分析】—【缓冲区】，打开【缓冲区】对话框。如图 1-9-19 所示，进行参数设置。

图 1-9-19　【缓冲区】对话框 3

注意：在【距离[值或字段]】区域，有两个单选按钮：【线性单位】和【字段】。在这里选择【字段】，在下拉框中选择【缓冲距离】。

第四步：单击【确定】按钮，完成通过属性表建立缓冲区操作，结果如图 1-9-20 所示。

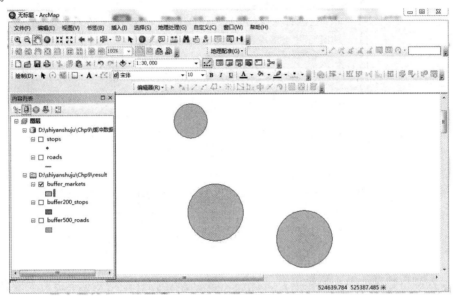

图 1-9-20　属性表缓冲区分析结果

基于属性表，选取某个字段的值建立缓冲区。手动设置缓冲距离，能够根据不同的需要设置不同的缓冲距离。

注意：基于属性表建立缓冲区，也可以通过【缓冲向导】来实现，通过勾选【基于来自属性的距离（A）】来进行设置，以分析对象的属性值作为距离建立缓冲区。不同缓冲区建立方法得到的缓冲区也有一定的区别，在实际应用中要根据不同的需要来选择合适的建立方法。

2．建立缓冲区的栅格方法

除了用缓冲向导和缓冲区工具建立缓冲区，还可以用距离制图（Mapping Distance）栅格分析方法建立缓冲区。

栅格方法又叫点阵法，它将点、线、面矢量数据转化为栅格数据，进行像元加粗，然后作边缘提取；在原理上比较简单，容易实现，但受精度的限制；并且内存消耗大，所能处理的数据量受到机器硬件的限制。

（1）点要素的缓冲区分析

第一步：在 ArcMap 中新建地图文档，加载图层"stops.shp"（位于"…\实验数据\chp9\缓冲数据.gdb"）。

第二步：在 ArcToolbox 中点击【Spatial Analyst 工具】—【距离分析】—【欧氏距离】，打开【欧氏距离】对话框。按图 1-9-21 所示设置各参数。

图 1-9-21　【欧氏距离】对话框 1

【输入栅格数据或要素源数据】（位于 "…\实验数据\E9\缓冲数据.gdb"），指定【输出距离栅格数据】的保存路径和名称。

输入源数据可以是要素类或栅格数据。当输入源数据是栅格数据时，源像元集包括具有有效值的源栅格中的所有像元。具有 NoData 值的像元不包括在源集内。值 0 将被视为合法的源。使用提取工具可以创建源栅格。当输入源数据是要素类时，源位置在执行分析之前从内部转换为栅格。

第三步：【最大距离】为可选项，若进行设定，则计算值在此距离范围内进行，此距离以外的区域被赋予空值，默认距离是到输出栅格边的距离。最大距离以与输入源数据相同的地图单位指定。

第四步：在【输出像元大小】文本框中输入输出栅格数据集的单元大小。栅格的分辨率可以由输出像元大小参数或像元大小环境来控制。默认情况下，分辨率将由输入空间参考中输入要素范围的宽度与高度中的较小值除以 250 来确定。

【输出方向栅格数据】为可选项，如果选择，则生成相应的直线方向数据。

第五步：单击【确定】按钮，生成每一位置到其最近源的直线距离图。如图 1-9-22 所示。

在进行分析时，若选中了 stops 图层中的某一个或某几个要素，则缓冲区分析只对该要素进行；否则，对整个图层的所有要素进行。

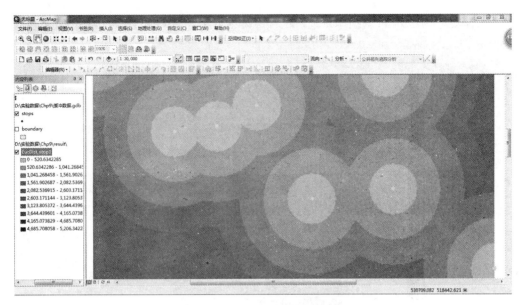

图 1-9-22　点要素缓冲区分析结果

（2）线要素的缓冲区分析

第一步：在 ArcMap 中新建地图文档，加载图层"roads.shp"（位于"…\实验数据\Chp9\缓冲数据.gdb"）。

第二步：在 ArcToolbox 中点击【Spatial Analyst 工具】—【距离分析】—【欧氏距离】，打开【欧氏距离】对话框。按如图 1-9-23 所示设置各参数。

图 1-9-23　【欧氏距离】对话框 2

分别选中图层 roads 中的两条线，进行缓冲区分析，结果如图 1-9-24 所示。注意比较线的缓冲区分析与点的缓冲区分析有何不同。

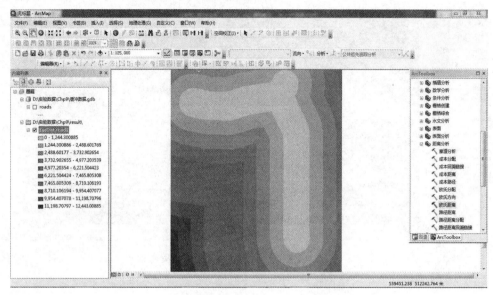

图 1-9-24　线要素缓冲区分析结果 1

取消选定，对整个 roads 层面进行缓冲区分析，结果如图 1-9-25 所示。观察与前个分析结果的区别。

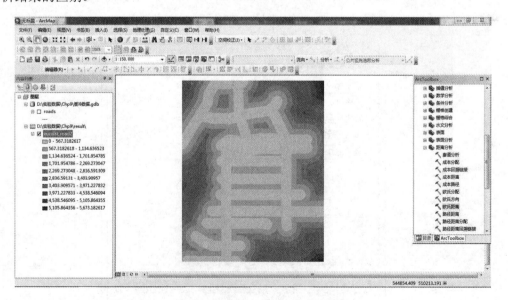

图 1-9-25　线要素缓冲区分析结果 2

（3）面要素的缓冲区分析

第一步：在 ArcMap 中新建地图文档，加载图层"boundary.shp"（位于"…\实验数据\E9\缓冲数据.gdb"）。

第二步：在 ArcToolbox 中点击【Spatial Analyst 工具】—【距离分析】—【欧氏距离】，打开【欧氏距离】对话框，设置各参数。

创建缓冲区时，先将地图适当缩小，将【环境设置】中【常规选项】中的【处理范围】选为"与显示相同"，具体操作与线要素类似，结果如图 1-9-26 所示。观察面的缓冲区分析与点、线的缓冲区分析有何区别。

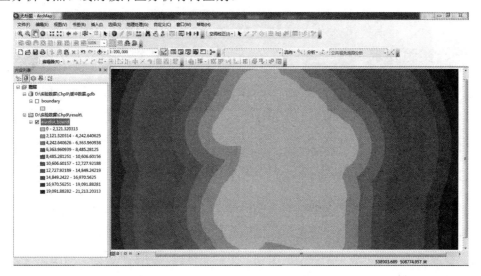

图 1-9-26 面要素的缓冲区分析结果

注意：使用输入源数据为面要素数据时，如果输出像元大小相对于输入的详细信息较为粗略，则必须注意输出像元大小的处理方式。内部栅格化过程将采用与面转栅格工具相同的默认像元分配类型方法，即 CELL_CENTER。

基础实验十

叠加分析

一、实验要求

熟悉矢量数据各种常用类型叠加分析操作方法；掌握图层擦除、相交、联合、标识、更新、交集取反等矢量叠加工具的使用；熟练掌握栅格计算器进行各种地图代数运算的操作方法。

二、实验基本背景

叠加分析（Overlay）是地理信息系统中用来提取空间隐含信息的方法之一。它是在统一的空间参考系统条件下，通过对不同的数据进行一系列的集合运算，产生新数据的过程。叠加分析不仅生成了新的空间关系，而且还将输入的多个数据层的属性联系起来产生了新的属性关系。叠加分析的目的是在空间位置上分析具有一定关联的空间对象的空间特征和专属属性之间的相互关系。

根据 GIS 数据基本结构不同，将 GIS 叠加分析分为基于矢量数据的叠加分析和基于栅格数据的叠加分析两大类。矢量数据的叠加分析中的关键元素是输入图层、叠加图层和输出图层。栅格数据的叠加分析又称地图代数，在各图层中，其每个图层的各像元都引用相同的地理位置，这使其非常适用于将许多图层的特征合并到单一图层中的操作。通常，通过将数值指定给每个特征，便可以数学方式合并图层并将新值指定给输出图层中的每个像元。

三、实验内容

①矢量数据叠加分析：利用各种类型叠加方法，如图层擦除、相交、联合、标识、更新、交集取反等工具进行矢量数据叠加分析。

②栅格计算：利用栅格计算器进行各种地图代数运算。

四、实验数据

本实验数据详见表 1-10-1。

表 1-10-1 本实验数据属性

数据	文件名称	格式	说明
1	Input	.shp	矢量数据
2	consult	.shp	矢量数据
3	identity	.shp	矢量数据
4	update	.shp	矢量数据
5	school_rec	.GDB	栅格数据
6	park_rec	.GDB	栅格数据
7	market_rec	.GDB	栅格数据
8	landuse_r	.GDB	栅格数据
9	DEM	.tif	DEM

五、实验主要操作过程及步骤

1．矢量数据叠加分析

（1）图层擦除分析

图层擦除分析是在输入数据层中去除与擦除数据层相交的部分，形成新的矢量数据层的过程。擦除要素可以为点、线和面，点擦除仅用于擦除输入要素中的点，线擦除可用于擦除输入要素中的线和点，面擦除可以擦除输入要素中的点、线和面。由于面要素比较直观形象，在此主要以面擦除要素为例介绍图层擦除分析的原理和操作，如图 1-10-1 所示。

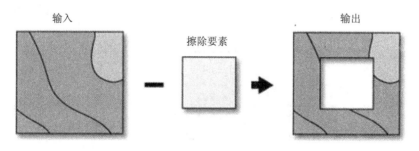

图 1-10-1 图层擦除分析原理

第一步：打开 ArcMap 主界面，点击【ArcToolbox】—【分析工具】—【叠加分析】—【擦除】，打开【擦除】对话框，如图 1-10-2 所示。

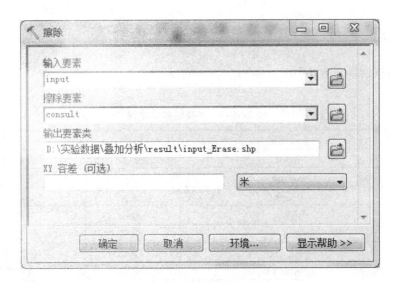

图 1-10-2 【擦除】对话框

第二步：在【擦除】对话框中设置【输入要素】【擦除要素】【输出要素】类等参数。

【XY 容差】为可选项。在文本框中输入容差值，并设置容差值的单位。

第三步：单击【确定】，完成操作。结果如图 1-10-3 所示。

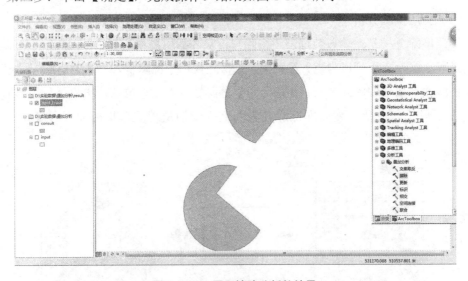

图 1-10-3 图层擦除分析的结果

（2）相交分析

相交（intersect）分析是通过叠加处理得到两个图层的交集部分，并且原图层的所有属性将同时在得到的新图层上显示出来。几何上，新图层中为输入图层叠加了多边形图层的分划信息；多边形层要素范围之外的要素被舍去。属性上，新图层中要素属性值包含了其原始值以及多边形值。多边形与多边形相交原理如图 1-10-4 所示。

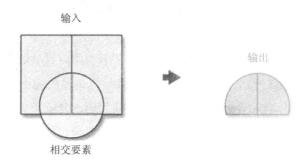

图 1-10-4 多边形与多边形相交原理

由于点、线、面三种要素都有可能获得交集，所以它们的交集的情形有七种：多边形与多边形，线与多边形，点与多边形，线与线，线与点，点与点，点、线、面三者相交。这是计算输入要素的几何交集的过程。

第一步：打开 ArcMap 主界面，点击【ArcToolbox】—【分析工具】—【叠加分析】—【相交】，打开【相交】对话框，如图 1-10-5 所示。

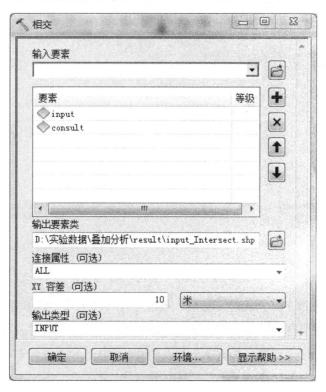

图 1-10-5 【相交】对话框

第二步：在【相交】对话框中，输入【输入要素】数据（位于 "…\实验数据\叠加分析\"），点击 ➕ 按钮，可多次添加相交数据层。指定输出要素类的保存路径和名称。

第三步：【连接属性（可选）】下拉框中有三个选项：ALL、NO_FID 和 ONLY_FID，通过其确定输入要素的哪些属性将传递到输出要素类。

ALL 指输入要素的所有属性都将传递到输出要素类中。默认状态下为此值。

NO_FID 指出除 FID 外，输入要素的其余属性都将传递到输出要素类中。

ONLY_FID 指只有输入要素的 FID 字段将传递到输出要素类中。

第四步：在【XY 容差（可选）】文本框中输入容差值，并设置容差值的单位。

第五步：【输出类型（可选）】下拉框中有三个选项：INPUT、LINE 和 POINT。

INPUT 指将【输出类型】保留为默认值，可生成叠置区域。

LINE 指将【输出类型】指定为"线"，生成结果为线。

POINT 指将【输出类型】指定为"点"，生成结果为点。

第六步：点击【确定】按钮，完成相交分析操作，结果如图 1-10-6 所示。

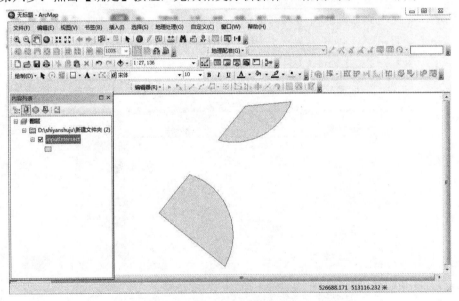

图 1-10-6　相交分析的结果

（3）联合分析

图层联合（union）分析功能是将两个图层进行联合运算，派生新的图层。几何上，新图层中为输入图层叠加了多边形图层的分划信息；全部要素均得到保留。属性上，新图层中要素属性值包含了其原始值以及多边形值。在联合分析过程中，输入要素必须是多边形。其原理如图 1-10-7 所示。

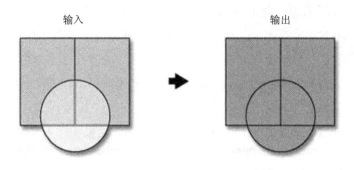

图 1-10-7　联合分析原理

联合分析的操作步骤如下：

第一步：打开 ArcMap 主界面，点击【ArcToolbox】—【分析工具】—【叠加分析】—【联合】，打开【联合】对话框，如图 1-10-8 所示。

图 1-10-8　【联合】对话框

第二步：在【联合】对话框中，输入【输入要素】数据（位于 "…\实验数据\叠加分析\"），点击➕按钮，可多次添加联合数据层。指定输出要素类的保存路径和名称。

第三步：【连接属性（可选）】下拉框中有三个选项：ALL、NO_FID 和 ONLY_FID，通过其确定输入要素的哪些属性将传递到输出要素类。

ALL 指输入要素的所有属性都将传递到输出要素类中。默认状态下为此值。

NO_FID 指除 FID 外，输入要素的其余属性都将传递到输出要素类中。

ONLY_FID 指只有输入要素的 FID 字段将传递到输出要素类中。

第四步：在【XY 容差（可选）】文本框中输入容差值，并设置容差值的单位。

【允许间隙存在（可选）】表示两个图层进行联合，在输出要素层中可能会出现被其他要素包围的空白区域（间距）。在操作过程中，如果选择不允许，岛状区域将会被填充，反之，岛状区域将不被填充。

第五步：点击【确定】按钮，完成联合分析操作，结果如图 1-10-9 所示。

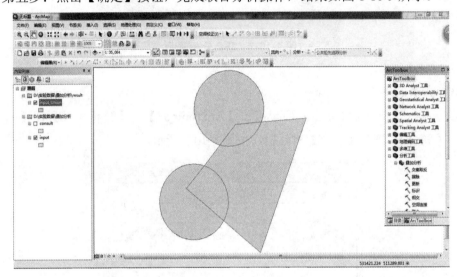

图 1-10-9　联合分析的结果

（4）标识叠加

标识（identity）叠加是计算输入要素和标识要素的集合，输入要素与标识要素的重叠部分将获得标识要素的属性。输入要素可以是点、线或面，但是不能是注记要素、尺寸要素或网络要素。标识要素必须是面，或者与输入要素的几何类型相同。标识叠加主要有三种类型：多边形和多边形、线和多边形与点和多边形。多边形与多边形标识叠加原理如图 1-10-10 所示。

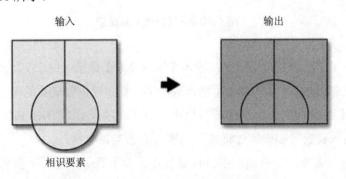

图 1-10-10　多边形与多边形标识叠加原理

标识分析的操作步骤如下：

第一步：打开 ArcMap 主界面，点击【ArcToolbox】—【分析工具】—【叠加分析】—【标识】，打开【标识】对话框，如图 1-11-11 所示。

图 1-10-11 【标识】对话框

第二步：在【标识】对话框中，输入【输入要素】【标识要素】数据（位于 "...\实验数据\叠加分析"）。指定输出要素类的保存路径和名称。

第三步：在【XY 容差（可选）】文本框中输入容差值，并设置容差值的单位。

【保留关系】为可选项，它用来确定是否将输入要素和标识要素之间的附加关系写入输出要素中。仅当输入要素为线并且标识要素为面时，此选项才勾选。

第四步：单击【确定】按钮，完成标识分析操作，结果如图 1-10-12 所示。

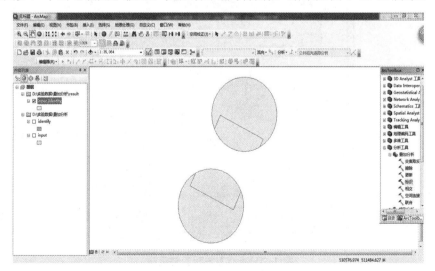

图 1-10-12 标识分析的结果

（5）更新分析

更新（update）分析首先对输入的图层和更新图层进行集合相交的计算，然后输入的图层中被更新图层覆盖的那一部分的属性将被更新图层的属性代替。如果两个图层均是多边形的话，那么两者将进行合并，并且重叠部分将被更新图层所代替，而输入图层的那一部分将被擦去。输入要素和更新要素类型必须是面；输入要输类与更新要素类的字段必须保持一致；如果更新要素类缺少输入要素类中的一个（或多个）字段，则将从输出要素类中移除缺失字段（图 1-10-13）。

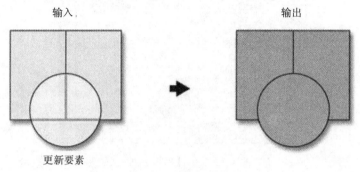

图 1-10-13　更新分析的原理

更新分析的操作步骤如下：

第一步：打开 ArcMap 主界面，点击【ArcToolbox】—【分析工具】—【叠加分析】—【更新】，打开【更新】对话框，如图 1-10-14 所示。

图 1-10-14　【更新】对话框

第二步：在【更新】对话框中，输入【输入要素】【更新要素】数据（位于 "…\实验数据\叠加分析"）。指定【输出要素类】的保存路径和名称。

第三步：在【XY 容差（可选）】文本框中输入容差值，并设置容差值的单位。

【边框（可选）】如果没有勾选此参数，则沿着更新要素外边缘的多边形边界将被删除；如果勾选，则更新要素外边缘的多边形边界将被保留。

第四步：单击【确定】按钮，完成更新分析操作，结果如图 1-10-15 所示。

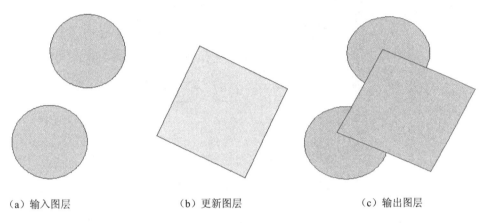

（a）输入图层   （b）更新图层   （c）输出图层

图 1-10-15　更新分析的结果

（6）交集取反分析

交集取反（symmetrical difference）分析是将输入要素和更新要素不重叠的部分输出到新要素中。它首先计算输入要素和更新要素的几何交集，再从输出要素中去除公共部分，只保留非公共部分。执行交集取反分析的输入要素和更新要素必须具有相同的几何类型，由于面状要素可以将交集取反原理计较直观地展现出来，在此以多边形要素为例，原理如图 1-10-16 所示。

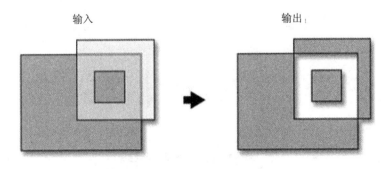

输入   输出

图 1-10-16　交集取反原理

交集取反分析的操作步骤如下：

第一步：打开 ArcMap 主界面，点击【ArcToolbox】—【分析工具】—【叠加分析】—【交集取反】，打开【交集取反】对话框，如图 1-10-17 所示。

图 1-10-17 【交集取反】对话框

第二步：在【交集取反】对话框中，输入【输入要素】【更新要素】数据（位于 "…\实验数据\叠加分析"）。指定【输出要素类】的保存路径和名称。

第三步：在【连接属性（可选）】和【XY 容差（可选）】中输入连接属性和 XY 容差。

第四步：单击【确定】按钮，完成交集取反分析操作，结果如图 1-10-18 所示。

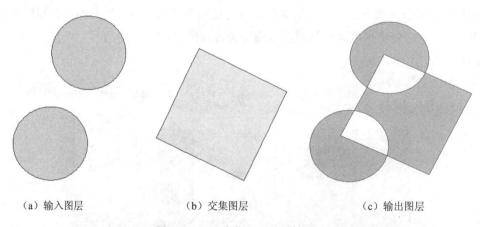

（a）输入图层   （b）交集图层   （c）输出图层

图 1-10-18 交集取反分析结果

矢量空间叠置分析的内容要远远多于这六种方式，实际应用中空间分析是复杂而且灵活的，应通过不断学习增强解决矢量空间叠置分析实际中问题的能力。

2．栅格计算

栅格计算是栅格数据空间分析中进行数据处理和分析最为常用的方法。利用栅格计算器，不仅可以方便地完成基于数学运算符的栅格运算，以及基于数学函数的栅格运算，还可以支持直接调用 ArcGIS 自带的栅格数据空间分析函数，并可方便地实现多条语句的同时输入和运行。同时，利用栅格计算器进行各种地图代数运算，栅格数据集可以作为算子直接和数字、运算符、函数等一起混合计算。

栅格计算器由四个部分组成，左上部"图层和变量"选择框为当前 ArcMap 视图中已加载的所有栅格数据层列表，双击任一个数据层名，这个数据层名便可自动添加到左下部的公式编辑器中；中间部分是常用的算术运算符、0~10、小数点、关系和逻辑运算符面板，单击所需要的按钮，按钮内容便可自动添加到公式编辑器中；右边可伸缩区域为常用的数学运算函数面板，单击按钮就可自动添加到公式编辑器中。

（1）简单算数运算

算术运算主要包括加、减、乘、除 4 种，可以完成两个或多个栅格数据相对应单元之间直接的加、减、乘、除运算。具体步骤如下：

第一步：打开 ArcMap，添加栅格数据"school_rec"、"park_rec"、"market_rec"（位于"…\实验数据\叠加分析\data2"）。

第二步：双击【ArcToolbox】—【Spatial Analyst】—【地图代数】—【栅格计算器】，弹出【栅格计算器】对话框，在表达式窗口输入"school_rec" * 0.5 + "park_rec" * 0.25 + "market_rec" * 0.25。

第三步：在【输出栅格】中指定输出栅格的保存路径和名称，如图 1-10-19 所示。

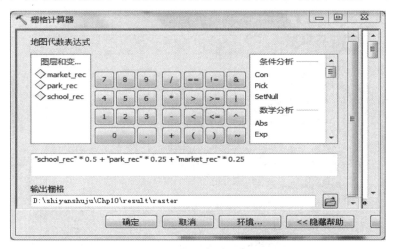

图 1-10-19　栅格计算器简单算数运算

第四步：点击【确定】按钮，完成栅格运算，结果如图 1-10-20 所示。

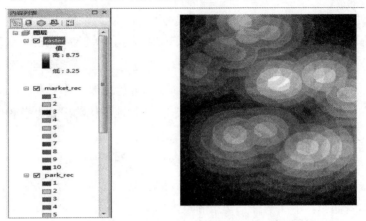

图 1-10-20　简单算数运算结果

（2）数学函数运算

栅格计算器除了进行简单的算术运算，还提供了更加复杂的数学函数运算，如算术函数、三角函数、对数函数和幂函数。下面对栅格数据进行求模运算。

第一步：打开 ArcMap，添加栅格数据 "landuse_r"（位于 "…\实验数据\叠加分析\data2"）。

第二步：双击【ArcToolbox】—【Spatial Analyst】—【地图代数】—【栅格计算器】，弹出【栅格计算器】对话框。点击【函数 Mod】按钮，然后在函数后面的括号内加入计算对象。

第三步：在【输出栅格】中指定输出栅格的保存路径和名称，如图 1-10-21 所示。

第四步：点击【确定】按钮，完成栅格运算。

图 1-10-21　栅格计算器数学函数运算

（3）空间分析函数运算

栅格计算器空间分析函数没有直接出现在栅格计算器面板中，我们需要手动输入。它支持 ArcGIS 自带的大部分栅格数据分析与处理函数，如栅格表面分析中的 Slope、Hillshade、Aspect 函数等。引用时，首先查阅有关文档，确定函数全名、参数、引用的语法规则；然后在栅格计算器输入函数全名，并输入一对小括号；最后在小括号中输入计算对象和相关参数后执行运算，如图 1-10-22 所示。

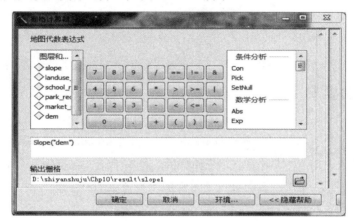

图 1-10-22　栅格计算器空间分析函数运算

操作步骤如下：

第一步：打开 ArcMap，添加栅格数据"dem"（位于"…\实验数据\叠加分析\data2"）。

第二步：双击【ArcToolbox】—【Spatial Analyst】—【地图代数】—【栅格计算器】，弹出【栅格计算器】对话框。在表达式窗口输入：Slope（"dem"）

第三步：在【输出栅格】中指定输出栅格的保存路径和名称，如图 1-10-22 所示。

第四步：点击【确定】按钮，完成栅格运算，如图 1-10-23 所示。

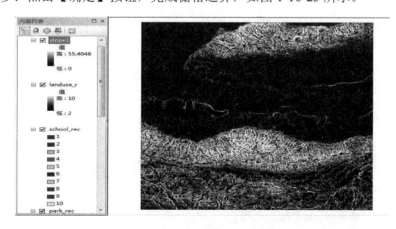

图 1-10-23　空间分析函数运算结果

基础实验十一

空间查询与统计

一、实验要求

了解 GIS 空间查询和统计方法的基本原理；掌握 ArcGIS 中属性表连接和查询的基本操作；掌握 ArcGIS 中基本的空间统计分析工具的使用，包括空间全局自相关分析、空间局部自相关分析和热点分析等；重点掌握矢量数据的空间关系查询。

二、实验基本背景

空间查询是 GIS 的最基本和常用的功能，也是其与其他数字制图软件相区别的主要特征。空间查询以二维或三维的空间数据为查询基础，查询结果以图形表示，包括空间定位查询、空间关系查询、空间属性查询。GIS 用户提出的诸多问题都可以通过空间查询的方式解决。

空间统计分析将空间信息整合到经典统计分析中，如面积、长度、邻近关系等，以研究与空间位置相关的事物、现象的空间关联和空间关系，从而揭示要素的空间分布规律。借助空间统计可以更好地理解地理现象，使我们更深入、定量化地了解空间分布、空间聚集或分散，可以帮助我们处理大的复杂数据集。空间统计常用的方法有空间自相关分析、地统计分析、空间数据不确定性分析等。

三、实验内容

利用 ArcGIS 软件对矢量数据进行属性数据和空间关系的查询，然后利用空间统计分析工具，识别空间要素的分布状态和集聚特征。具体内容如下：

①矢量图形数据和属性表的连接。
②矢量数据的空间查询。

③全局空间自相关分析。

④局部空间自相关分析。

⑤热点分析。

四、实验数据

本实验数据详见表 1-11-1。

表 1-11-1　本实验数据属性

数据	文件名称	格式	说明
1	Bound	.shp	安徽省市界图
2	Waterres	.xlsx	各市用水指标属性表
3	Population	.shp	安徽省各县市人口数据

五、实验主要操作过程及步骤

1．矢量图形数据和属性表连接

第一步：启动 ArcMap，在工具栏中点击【添加数据】按钮 ✦·，浏览至文件夹 E11，选中"bound.shp"（图 1-11-1），导入安徽省市区界线矢量图层，也可在【内容列表】框中，右键单击【图层】，选择【添加数据】，将数据添加到地图的活动数据框中，还可以将数据从目录窗口拖动到地图中。

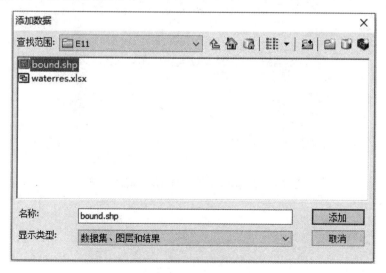

图 1-11-1　添加实验数据

第二步：检查连接的表格中可用的关键字 ID，关闭表格。

第三步：建立属性表和图层之间的连接。在【内容列表】中右击 bound 图层，选择
【连接和关联】，选择【连接】，在出现的连接对话框中，在第一个下拉列表中选择"FID"
作为连接将基于的字段，在第二个下拉列表中浏览至文件夹 E11，选中"Waterres.xlsx"，
继续选择"sheet1"作为要连接到图层的表，在第三个下拉列表中选择"ID"作为此表
中要作为连接基础的字段，如图 1-11-2 所示，单击【确定】按钮。在【内容列表】中右
击 bound 图层，选择【打开属性表】，可以看到表格中有关各市用水指标属性已经连接
到图层的属性表中，如图 1-11-3 所示。

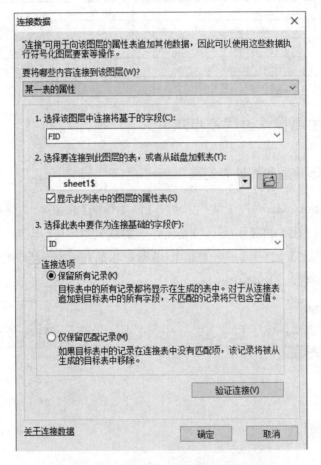

图 1-11-2　建立属性表和图层之间的连接

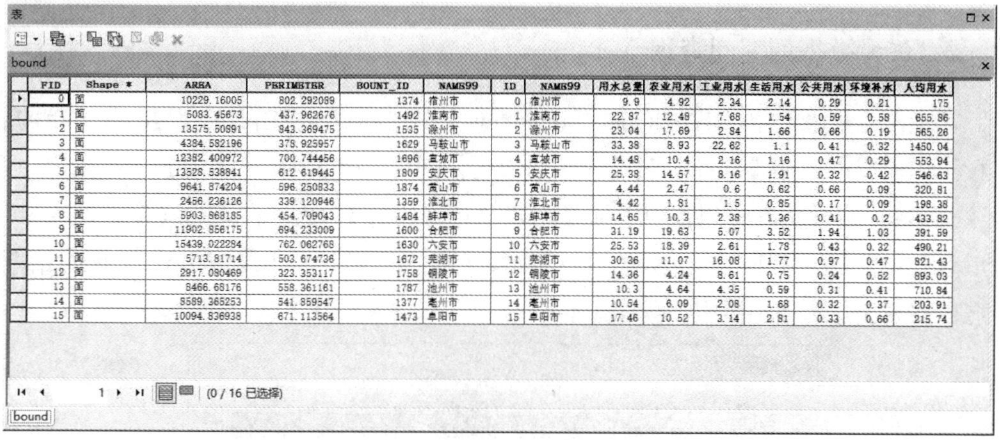

表

bound

FID	Shape *	AREA	PERIMETER	BOUNT_ID	NAME99	ID	NAME99	用水总量	农业用水	工业用水	生活用水	公共用水	环境补水	人均用水
0	面	10229.16005	802.292089	1374	宿州市	0	宿州市	9.9	4.92	2.34	2.14	0.29	0.21	175
1	面	5083.45673	437.962676	1492	淮南市	1	淮南市	22.97	12.48	7.68	1.54	0.59	0.58	655.86
2	面	13575.50891	843.369475	1535	滁州市	2	滁州市	23.04	17.69	2.94	1.66	0.66	0.19	565.26
3	面	4384.582196	378.925957	1629	马鞍山市	3	马鞍山市	33.38	8.93	22.62	1.1	0.32		1450.04
4	面	12382.400972	700.744456	1696	宣城市	4	宣城市	14.48	10.4	2.16	1.16	0.47	0.29	553.94
5	面	13529.538841	612.619445	1809	安庆市	5	安庆市	25.33	14.57	8.16	1.91	0.32	0.42	546.63
6	面	9641.874204	596.250833	1874	黄山市	6	黄山市	4.44	2.47	0.6	0.62	0.66	0.09	320.81
7	面	2456.236126	339.120946	1359	淮北市	7	淮北市	4.42	1.81	1.5	0.85	0.17	0.09	198.38
8	面	5903.869185	454.709043	1484	蚌埠市	8	蚌埠市	14.65	10.3	2.38	1.36	0.41	0.2	433.82
9	面	11902.856175	694.233009	1600	合肥市	9	合肥市	31.19	19.63	5.07	3.52	1.94	1.03	391.59
10	面	15439.022254	782.062768	1630	六安市	10	六安市	25.53	18.39	2.61	1.78	0.43	0.32	490.21
11	面	5713.81714	503.674736	1672	芜湖市	11	芜湖市	30.36	11.07	16.08	1.77	0.97	0.47	821.43
12	面	2917.090469	323.353117	1758	铜陵市	12	铜陵市	14.36	4.24	9.61	0.75	0.24	0.52	893.03
13	面	9466.68176	558.361161	1787	池州市	13	池州市	10.3	4.64	4.35	0.59	0.31	0.41	710.84
14	面	8589.365253	541.859547	1377	亳州市	14	亳州市	10.54	6.09	2.08	1.68	0.32	0.37	203.91
15	面	10094.836938	671.113564	1473	阜阳市	15	阜阳市	17.46	10.52	3.14	2.81	0.33	0.66	215.74

I ◀ 　1　▶ ▶I 　 (0 / 16 已选择)

bound

图 1-11-3　属性连接后的结果

第四步：由于 ArcMap 只保存图层和属性表之间连接的方式定义，而不保存所连接的数据本身。因此需要通过导出包含连接数据的图层，使图层的属性永久保存下来。在【内容列表】中右键单击图层"bound"，将鼠标指向【数据】，然后单击【导出数据】，在弹出的对话框中输入输出要素类的路径和名称"D：\E11\boundnew.shp"，创建一个具有包含连接字段的新要素类，如图 1-11-4 所示。点击【确定】后，在弹出的对话框中选【是】，将导出的数据添加到地图图层中。

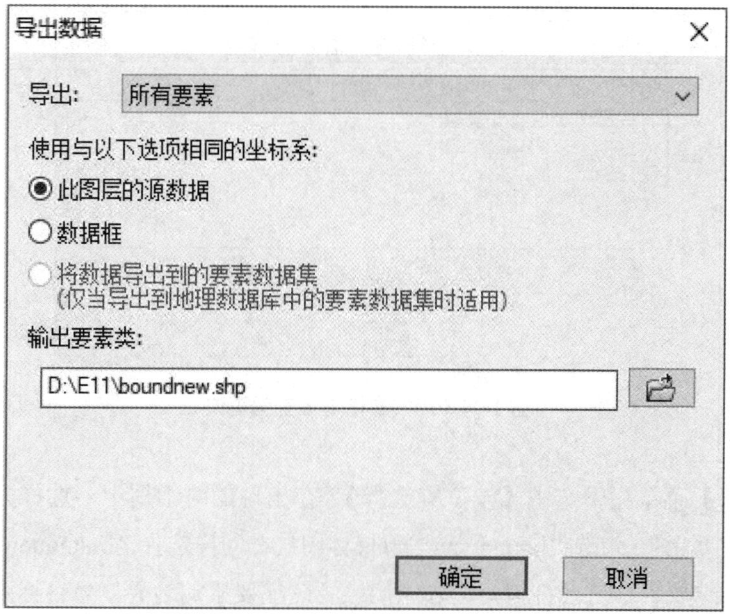

导出数据

导出：　所有要素　∨

使用与以下选项相同的坐标系：
◉ 此图层的源数据
○ 数据框
○ 将数据导出到的要素数据集
　（仅当导出到地理数据库中的要素数据集时适用）

输出要素类：

D:\E11\boundnew.shp

确定　　　取消

图 1-11-4　导出数据到新图层

2．矢量数据的空间查询

在【内容列表】中，右键单击"boundnew"图层，点击【标注要素】，各个市的名称标注在地图中。在【选择】菜单中，选中【按属性选择】，从【图层】下拉列表中选择【boundnew】，在方法列表中选择【创建新选择内容】。然后在表达式框中输入以下SQL 语句："'NAME99'＝'合肥市'"，如图 1-11-5 所示。点击【应用】，关闭对话框，合肥市被高亮显示在地图中，如图 1-11-6 所示。

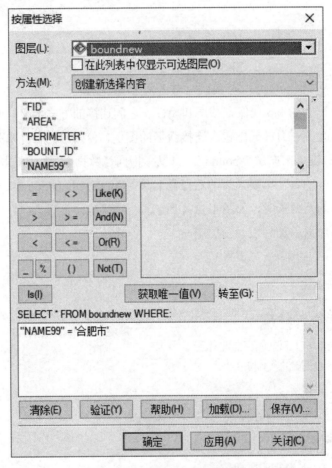

图 1-11-5　按属性进行空间查询

从【选择】菜单栏中选中【按位置选择】。在出现的对话框中，选择方法为"从以下图层中选中要素"，勾选"boundnew"为目标图层，同样选择"boundnew"为源图层，确保"使用所选要素"前已打勾，选取"接触源图层要素的边界"为目标图层要素的空间选择方法，如图 1-11-7 所示，点击【应用】，与合肥市相邻的市区边界被高亮显示在地图中，如图 1-11-8 所示。

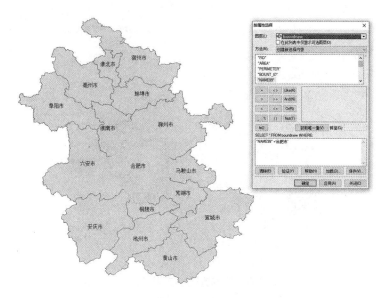

图 1-11-6　按属性进行空间查询的结果

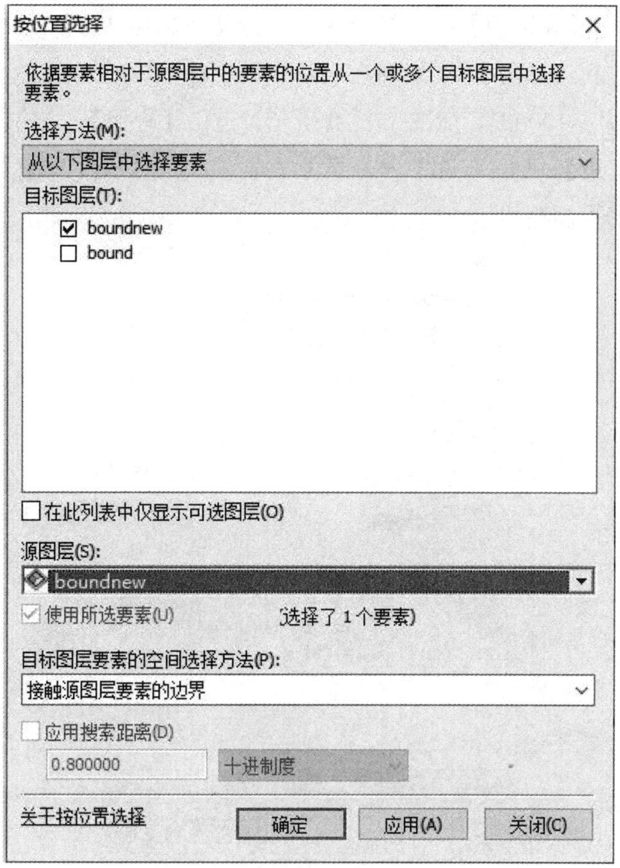

按位置选择　　　　　　　　　　　　　　　　　×

依据要素相对于源图层中的要素的位置从一个或多个目标图层中选择要素。

选择方法(M):
从以下图层中选择要素

目标图层(T):
- ☑ boundnew
- ☐ bound

☐ 在此列表中仅显示可选图层(O)

源图层(S):
◇ boundnew

☑ 使用所选要素(U)　　　　　选择了 1 个要素)

目标图层要素的空间选择方法(P):
接触源图层要素的边界

☐ 应用搜索距离(D)
0.800000　　　十进制度

关于按位置选择　　　确定　　应用(A)　　关闭(C)

图 1-11-7　按位置进行空间查询

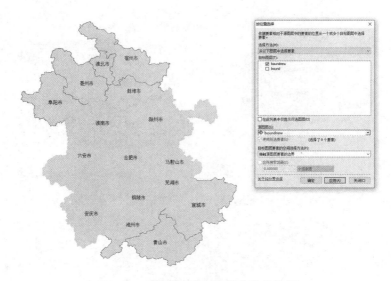

图 1-11-8　按位置进行空间查询的结果

点击工具栏中的【清除所选要素】按钮 ☒。右键单击 boundnew 图层,点击【打开属性表】,然后点击【表选项】的下拉箭头,选择【按属性选择】。在出现的对话框中,确认方法为"创建新选择内容"。然后在表达式框中输入以下 SQL 语句:"'用水总量'>20 AND 'AREA'<10000",如图 1-11-9 所示,点击【应用】。点击位于属性表表格下部的【显示所选记录】,使只有选中的记录才被显示,如图 1-11-10 所示。在图层中,被选中记录的多边形也高亮显示。

图 1-11-9　对属性表进行查询

FID	Shape *	AREA	PERIMETER	BOUNT_ID	NAME99	ID	NAME99_1	用水总量	农业用水	工业用水	生活用水	公共用水	环境补水	人均用水
1	面	5063.45673	437.962676	1492	淮南市	1	淮南市	22.97	12.49	7.68	1.54	0.59	0.58	655.86
3	面	4384.582196	378.925957	1629	马鞍山市	3	马鞍山市	33.38	8.93	22.62	1.1	0.41	0.32	1450.04
11	面	5713.81714	503.674736	1672	芜湖市	11	芜湖市	30.36	11.07	16.08	1.77	0.97	0.47	821.43

图 1-11-10　属性表查询的结果

3．全局空间自相关分析

空间自相关分析是一种空间统计方法，可以揭示空间变量的区域结构形态。可以通过计算 Moran's 指数判断空间全局聚集特征。Moran's 指数是运用最为广泛的全局指数之一，它通常使用单一属性来反映研究区域中邻近地区是相似、相异还是相互独立，判断该属性值在空间上是否存在聚集特征，进而反映其均等化程度。

本实验运用 ArcGIS 对安徽省各县市人口指标进行空间自相关分析。具体操作如下。

在软件主菜单栏【地理处理】中点击【ArcToolbox】，启动工具箱，将【空间统计工具】展开，选择【分析模式】，然后选择【空间自相关】，如图 1-11-11 所示。

图 1-11-11　全局空间自相关分析

在弹出的窗口中选择投影后的要素类"population.shp"作为【输入要素类】,【输入字段】为"常住人口",其他参数默认,如图 1-11-12 所示,点击生成报表选框,单击【确定】。运行成功后,点击菜单栏【地理处理】下【结果】按钮,打开【结果】对话框,双击【报表文件:MoransI_Result5.html】,如图 1-11-13 所示。打开结果报表,如图 1-11-14 所示。

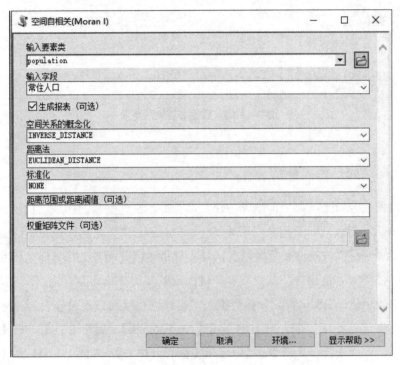

图 1-11-12　全局空间自相关分析参数设置

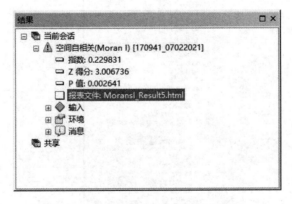

图 1-11-13　全局空间自相关分析结果

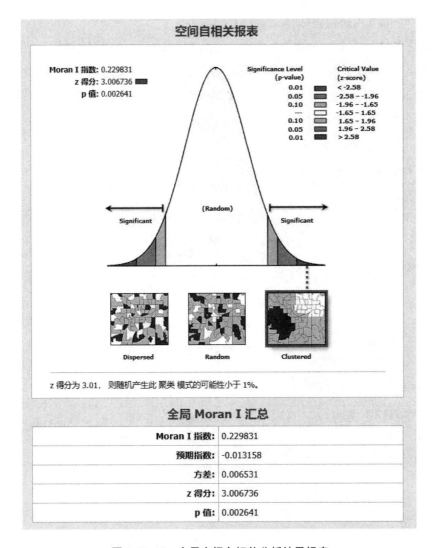

图 1-11-14 全局空间自相关分析结果报表

结果报表返回 5 个参数，分别为 Moran's I 指数、预期指数、方差、z 得分及 p 值。莫兰指数（Moran's I）介于 -1 和 $+1$ 之间，绝对值越大自相关越强，一般而言，p 值小于 0.05 时我们认为有自相关。本例中 Moran's I 指数的值为 $0.229\,831>0$，p 值小于 0.05（95%的置信度），z 得分为 $3.006\,736$，表明安徽省各县市常住人口在空间上符合正自相关关系，呈现很明显的聚类分布模式。

4．局部空间自相关分析

局部空间自相关，描述一个空间单元与其邻域的相似程度，能够表示每个局部单元服从全局总趋势的程度（包括方向和量级），并提示空间异质，说明空间依赖是如何随位置变化的。其常用反映指标是 Local Moran's I。

在软件主菜单栏【地理处理】中点击【ArcToolbox】，启动工具箱，将【空间统计工具】展开，选择【聚类分布制图】，然后选择【聚类和异常值分析】。在弹出的窗口中选择投影后的要素类 "population" 作为【输入要素类】，【输入字段】为 "常住人口"，确定输出数据的文件名称和位置 "D：\E11\LocalMoranI.shp" 作为【输出要素类】，其他参数默认，如图 1-11-15 所示。

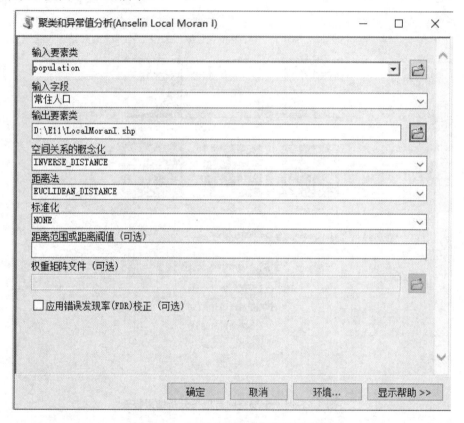

图 1-11-15　局部空间自相关分析参数设置

输出结果如图 1-11-16 所示，图层分类渲染结果显示，High-High Cluster 表示高高集聚，即常住人口数量高的县市被同样是人口数量高的其他县市所包围，表明该局部区域内的常住人口数量较大，且差异较小。High-Lower Outlier 表示高低集聚，即常住人口数量高的县市被常住人口数量低的县市所包围，表明该局部区域内常住人口数量高于周围区域。Low-High Outlier 表示低高集聚，即常住人口数量低的县市被人口数量高的县市所包围，表明该局部区域常住人口数量低于周围区域。Low-Low Cluster 表示低低集聚，即常住人口数量低的县市被同样是低人口数的其他县市所包围，表明该局部区域内的人口数量水平较低，且差异较小。

因此，从图 1-11-16 中可知，安徽省常住人口数量高高聚集的地区为阜阳市市辖区，高低集聚的地区为芜湖市市辖区。低低集聚的地区分布在皖南地区，包括旌德县、绩溪县、石台县、祁门县和黟县。

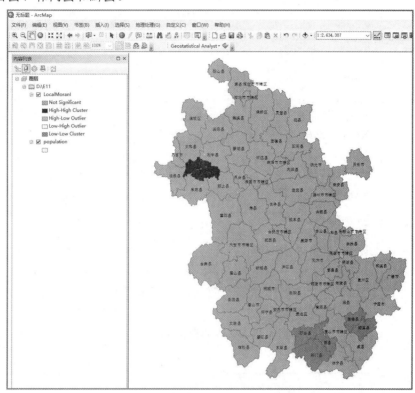

图 1-11-16　局部空间自相关分析结果

5．热点分析（Getis-Ord G*）

在工具箱中将【空间统计工具】展开，选择【聚类分布制图】，然后选择【热点分析】。在弹出的窗口中选择投影后的要素类 "population" 作为【输入要素类】，【输入字段】为 "常住人口"，确定输出数据的文件名称和位置 "D:\E11\HotSpots.shp" 作为【输出要素类】，其他参数默认，如图 1-11-17 所示。

热点分析可对数据集中的每一个要素计算 Getis-Ord Gi* 统计，通过得到的 z 得分和 p 值及置信区间（Gi_Bin），可以识别具有统计显著性的高值（热点）和低值（冷点）的空间聚类。对于具有显著统计学意义的正的 z 得分，z 得分越高，高值（热点）的聚类就越紧密。对于统计学上的显著性负的 z 得分，z 得分越低，低值（冷点）的聚类就越紧密。置信区间+3 到−3 中的要素（含 +3 或−3 Gi_Bin 值的要素）具有置信度为 99% 的统计显著性；置信区间+2 到−2 中的要素反映置信度为 95% 的统计显著性；置信区间

+1 到–1 中的要素反映置信度为 90%的统计显著性；而 Gi_Bin 字段的要素聚类为 0 时，则没有统计学意义。输出结果图层会对 Gi_Bin 字段应用默认渲染，如图 1-11-18 所示。

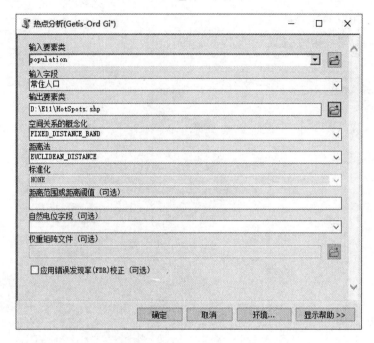

图 1-11-17　热点分析参数设置

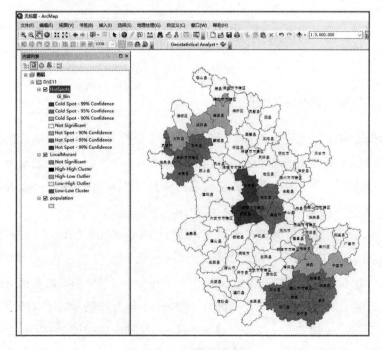

图 1-11-18　热点分析结果

基础实验十二

空间数据的拓扑编辑与网络分析

一、实验要求

了解空间数据的拓扑关系的意义及构建原理；掌握空间数据拓扑检查的方法；掌握空间网络数据集的构建方法；掌握网络分析工具的基本使用方法。

二、实验基本背景

在地理数据库中，拓扑是定义点要素、线要素以及面要素共享重叠几何的方式的排列布置。拓扑规则定义了要素之间允许的空间关系。拓扑验证是运行一系列完整性检查以确定要素是否违反了为拓扑定义的规则。网络分析就是依据网络拓扑关系（结点与弧段拓扑、弧段的连通性），通过考察网络元素的空间与属性数据，以数学理论模型为基础，对网络的性能特征进行多方面的分析计算技术。

OD 成本矩阵是 ArcGIS 中常用的网络分析应用之一，它用于查找和测量网络中从多个起始点到多个目的地的最小成本路径。本实验以合肥市交通规划中尺度道路网络为例，展示矢量数据网络数据集的构建，以及基于网络数据集的 OD 成本矩阵应用：基于合肥交通路网数据集，测量了从居民点到商业中心的时间和距离成本。

三、实验内容

①构建网络数据集。包括拓扑错误检查、新建网络数据集和网络数据集细化。
②网络分析。主要介绍网络分析应用之一：OD 成本矩阵，包括基于距离的 OD 成本矩阵和基于时间的 OD 成本矩阵。

四、实验数据

本实验数据详见表 1-12-1。

表 1-12-1 本实验数据属性

数据	文件名称	格式	说明
1	交通路网	线要素类	
2	居民点	点要素类	
3	商业金融中心	点要素类	
4	Restricted Turns	线要素类	转弯限制

五、实验主要操作过程及步骤

1．构建网络数据集

（1）拓扑检查

第一步：创建要素数据集。选择已建立好的 Geodatabase 数据库，在右键菜单中点击【新建】—【要素数据集】（图 1-12-1），在【新建要素数据集】对话框中输入名称（图 1-12-2）。

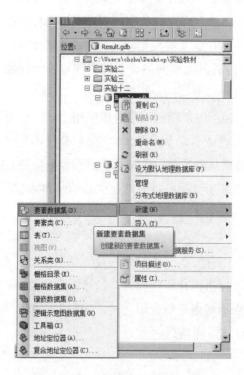

图 1-12-1　新建要素数据集菜单

图 1-12-2　【新建要素数据集】对话框

第二步：导入要素类。点击 按钮右侧下拉菜单选择【导入】（图 1-12-3），选择已有要素类，从已有要素类导入坐标系，如图 1-12-4 所示。然后依次点击【下一步】，按默认设置生成网络数据集。

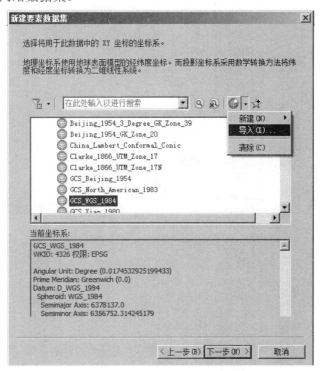

图 1-12-3　设置要素数据集坐标系

图 1-12-4　从已有要素类导入坐标系

选择新创建的数据集，弹出右键菜单，点击【导入】—【要素类】（图 1-12-5），导入构建交通路网数据集的矢量数据，如图 1-12-6 所示。

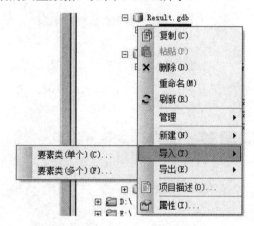

图 1-12-5　导入要素类菜单

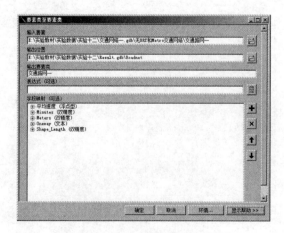

图 1-12-6　导入要素类工具对话框

第三步：新建拓扑。选择已导入要素类的要素数据集，弹出右键菜单，点击【新建】—【拓扑】，如图 1-12-7 所示。

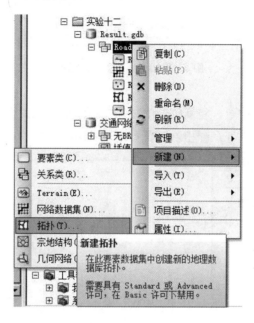

图 1-12-7　新建拓扑菜单

进入新建拓扑向导，根据提示创建拓扑，选择参与到拓扑中的要素类，如图 1-12-8 所示。添加相应的拓扑处理规则，如图 1-12-9 所示，然后进行拓扑验证，如图 1-12-10 所示。

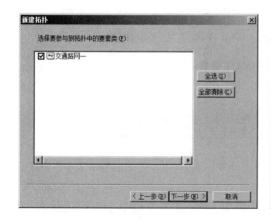

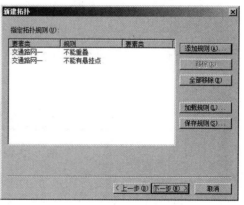

图 1-12-8　选择参与拓扑的要素类　　　　图 1-12-9　添加拓扑规则

图 1-12-10 拓扑验证对话框

第四步：拓扑错误检查。将新创建的拓扑文件添加到地图中，如图 1-12-11 所示，将鼠标光标放置在工具栏处，弹出右键菜单勾选【拓扑】工具栏，如图 1-12-12 所示。

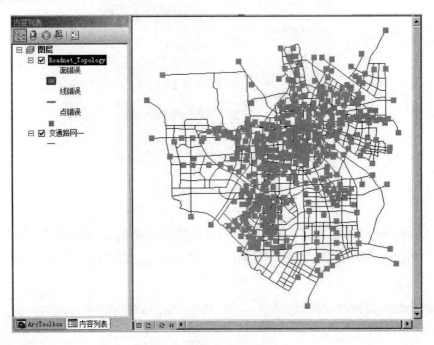

图 1-12-11 拓扑错误检查

图 1-12-12 拓扑工具栏

打开 Eidtor 工具栏下拉菜单，选择【开始编辑】，拓扑工具栏显示为可用状态，如图 1-12-13 所示。

图 1-12-13 可用状态的拓扑工具栏

　　选择要拓扑的数据（图1-12-14），点击 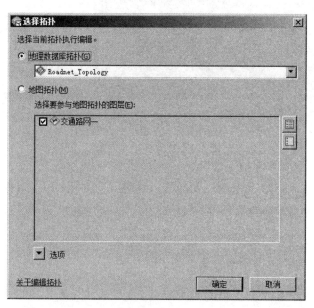 按钮打开【错误检查器】。在【错误检查器】对话框中点击【立即搜索】，找出所有拓扑的错误（图 1-12-15），然后使用编辑器工具编辑错误，也可将可容忍错误选中【标记为异常】，如图 1-12-16 所示。

图 1-12-14　【选择拓扑】对话框

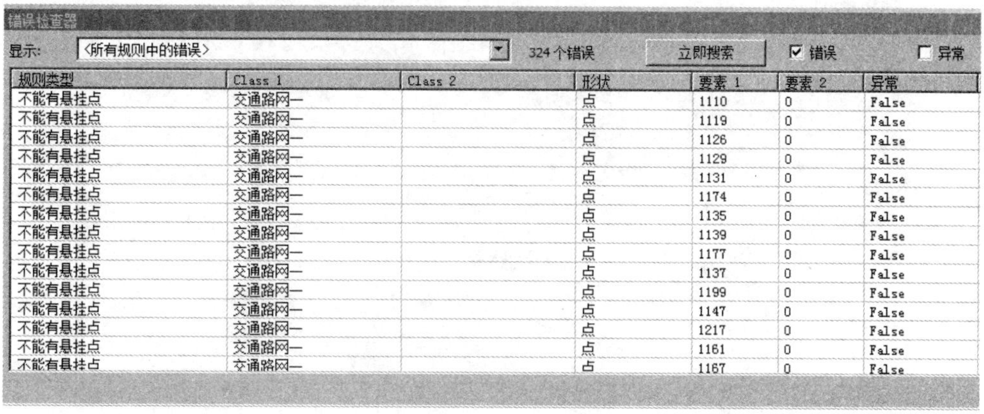

规则类型	Class 1	Class 2	形状	要素 1	要素 2	异常
不能有悬挂点	交通路网—		点	1110	0	False
不能有悬挂点	交通路网—		点	1119	0	False
不能有悬挂点	交通路网—		点	1126	0	False
不能有悬挂点	交通路网—		点	1129	0	False
不能有悬挂点	交通路网—		点	1131	0	False
不能有悬挂点	交通路网—		点	1174	0	False
不能有悬挂点	交通路网—		点	1135	0	False
不能有悬挂点	交通路网—		点	1139	0	False
不能有悬挂点	交通路网—		点	1177	0	False
不能有悬挂点	交通路网—		点	1137	0	False
不能有悬挂点	交通路网—		点	1199	0	False
不能有悬挂点	交通路网—		点	1147	0	False
不能有悬挂点	交通路网—		点	1217	0	False
不能有悬挂点	交通路网—		点	1161	0	False
不能有悬挂点	交通路网—		点	1167	0	False

显示：〈所有规则中的错误〉　324 个错误　立即搜索　☑错误　☐异常

图 1-12-15　错误检查器

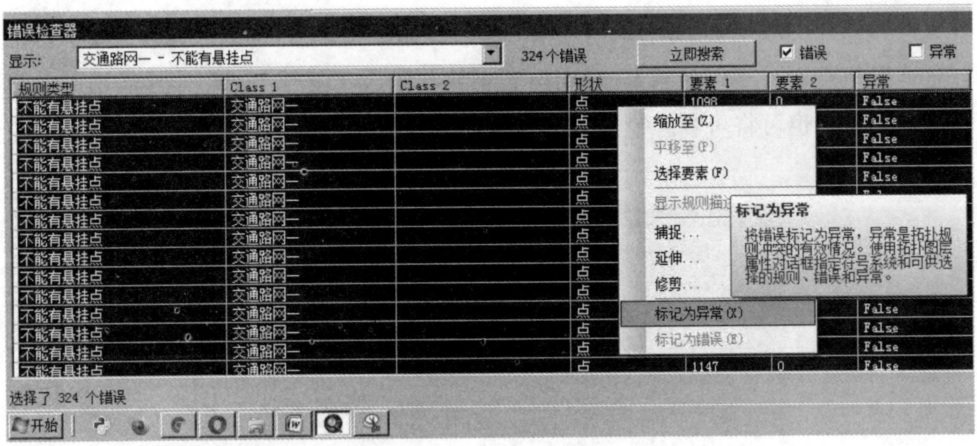

图 1-12-16　标记为异常

（2）新建网络数据集

第一步：创建网络数据集。选择 Roadnet ND 数据集，弹出右键菜单，点击【新建】—【网络数据集】（图1-12-17），创建网络数据集，根据向导对话框选择默认选择【交通网络一】线要素类构建网络数据集。

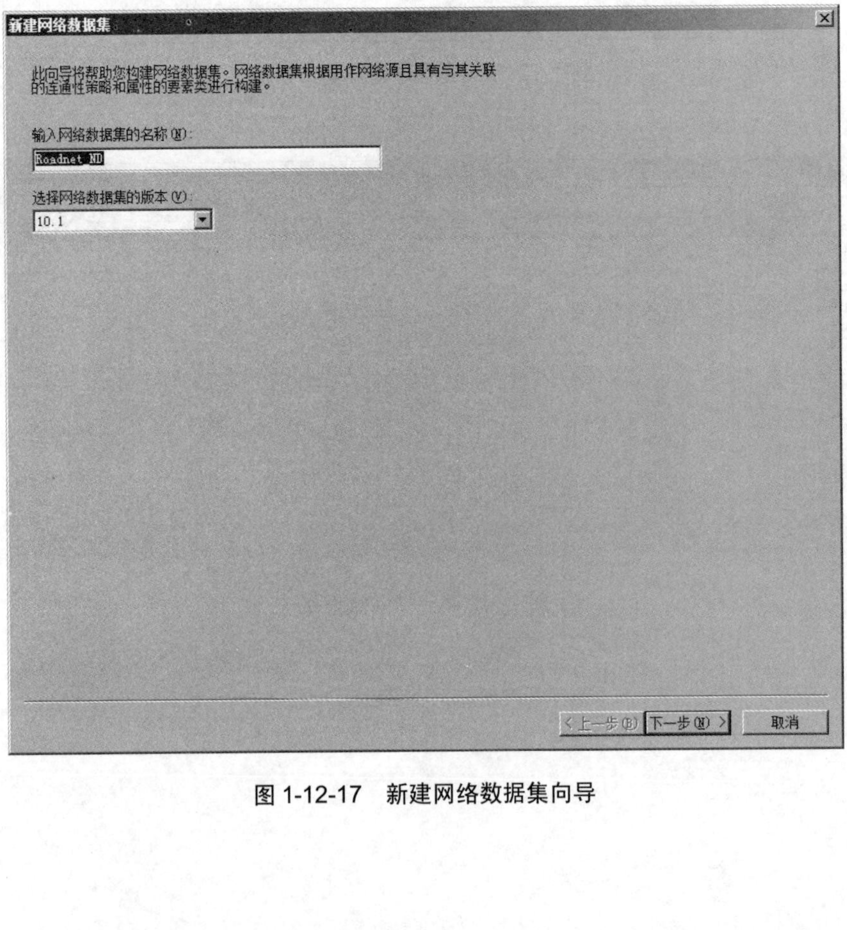

图 1-12-17　新建网络数据集向导

第二步：构建好的网络数据集（图1-12-18）生成两个新文件，分别以_ND（边）和ND_Junctions（节点）结尾命名。

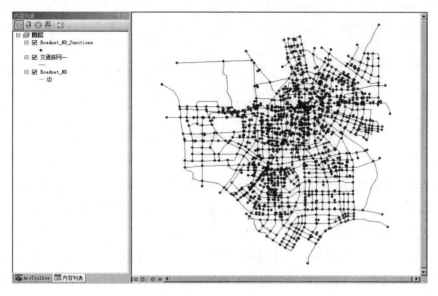

图 1-12-18　网络数据集

（3）网络数据集细化

1）网络基本属性设置。

成本（Cost）指穿过网络元素时累积的阻抗或者成本，可通过在交通路网数据集的属性表中添加字段通过速度【Speed】、车行时间【Minutes】、路段长度【Meters】设置并赋值，如表 1-12-2 所示。

表 1-12-2　成本相关字段设置

名称	类型	值	单位
Speed （平均速度）	整型（Int）	一级主干道：30；快速路：40；二级道路：20；普通道路：10；BRT 路线：35；Metro路线：80	km/h
Minutes	双精度型（Double）	等于（Meters*60）/Speed/1000	min
Meters	双精度型（Double）	等于 Shape_Length 字段值	m

2）微观因素的模拟。

①模拟单行道。

第一步：在【交通路网一】的属性表中添加字段【Oneway】，如图 1-12-19 所示。

OBJECTID *	Shape *	平均速度	Minutes	Meters	Oneway	Shape_Length
2120	折线	30	2.88756	1443.779869	<空>	1443.779869
2121	折线	30	1.749334	874.666917	<空>	874.666917
2122	折线	25	1.243834	518.26422	<空>	518.26422
2123	折线	25	2.186613	911.088896	<空>	911.088896
2124	折线	30	.924004	462.002018	<空>	462.002018
2125	折线	30	6.224861	3112.430736	<空>	3112.430736
2126	折线	30	1.047902	523.95123	<空>	523.95123
2127	折线	25	2.092088	871.703436	<空>	871.703436
2128	折线	25	1.274475	531.031334	<空>	531.031334
2129	折线	25	2.189673	912.36389	<空>	912.36389

图 1-12-19　添加字段后的属性表

第二步：录入属性。赋值为【FT】表示只允许沿数字化方向行驶的单行道；赋值为
【TF】表示只允许沿数字化方向相反方向行驶的单行道；赋值为【N】表示禁止行驶的
道路；赋值为【NULL】表示允许两个方向行驶的街道。

第三步：设置网络属性。在【目录面板】中，右击【Roadnet_ND】，显示【网络数
据集属性】对话框，在该对话框中可以对路网做全面调整。切换到【属性】选项卡。系
统自动识别 Oneway 字段，【使用类型】为限制。如图 1-12-20 所示。

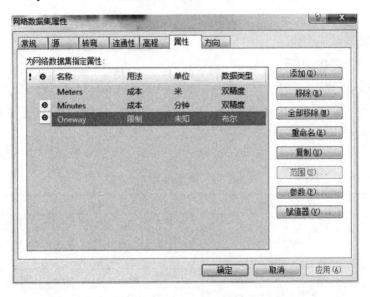

图 1-12-20　Oneway 属性

第四步：重新构建网络模型。在【目录面板】中，选择【Roadnet_ND】，弹出右键
菜单点击【构建】（图 1-12-21）。

图 1-12-21 重新构建网络数据集

②模拟路口禁止转弯。

第一步：在建好的网络数据集中新建转弯要素类。在【目录面板】中，右击【Roadnet】要素数据集，在弹出菜单中选择【新建】—【要素类】，显示【新建要素类】对话框，添加路口转弯要素类：【RestrictedTurns】。

第二步：使用编辑器工具在环形路口编辑转弯要素类（红色标注），如图 1-12-22 所示。

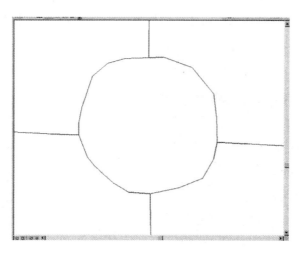

图 1-12-22 转弯要素

第三步：设置网络属性。在【目录面板】中，右击【交通网络】，在弹出菜单中选择【属性】，显示【网络数据集属性】；然后切换到【转弯】选项卡，点击【添加按钮】，将"Restricted Turns"要素类添加后确定转弯源（图 1-12-23）。

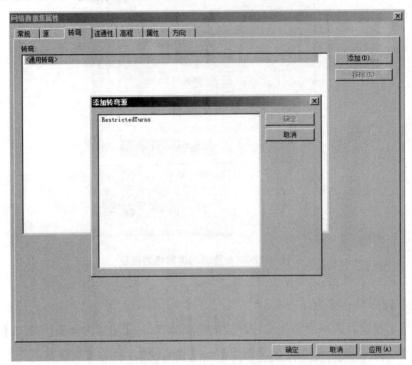

图 1-12-23　添加转弯源

第四步：切换到【属性】选项卡，添加转弯属性。点击【添加（D）】按钮，显示【添加新属性】对话框，设置新属性的【名称】为"转弯限制"，设置【使用类型】为"限制"，勾选【默认情况下使用】，使该属性默认参与所有网络分析；点击【确定】完成新属性的添加，如图 1-12-24 和图 1-12-25 所示。

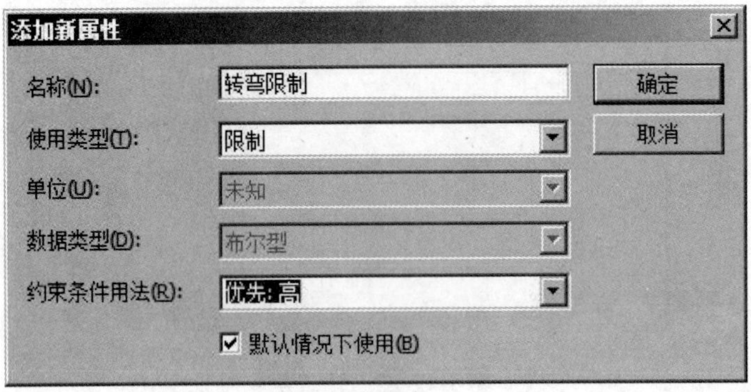

图 1-12-24　转弯限制属性设置

图 1-12-25　转弯限制属性

第五步：重新构建网络模型。在【目录面板】中，选择【Roadnet_ND】，弹出右键菜单点击【构建】。

③模拟红绿灯系统。

实际交通中，路口红灯等候时间是不可忽略的要素，它往往会占据总行车时间的很大比例。需要为交通路网模型添加路口通行时间。通过通用转弯延迟属性设置，来模拟红绿灯系统。

第一步：在【目录面板】中，右击【Roadnet_ND】，在弹出菜单中选择【属性】，显示【网络数据集属性】。

第二步：切换到【属性】选项卡，选择【Minutes】属性，然后点击【赋值器】按钮，显示【赋值器】对话框。

第三步：在【赋值器】对话框中，切换到【默认值】选项卡（图 1-12-26）。

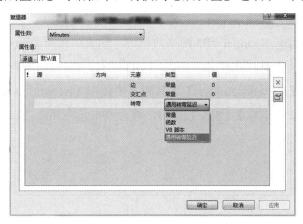

图 1-12-26　属性赋值器

第四步：将【转弯】属性的类型设置为【通用转弯延迟】；双击【转弯】行的【值】列对应的单元格，显示【通用转弯延迟赋值器】对话框（图 1-12-27），设置各个方向的平均通行时间，其单位是秒。

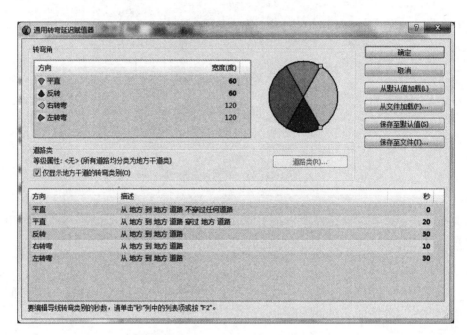

图 1-12-27　通用转弯延迟赋值器

第五步：重新构建网络模型。在【目录面板】中，选择【Roadnet_ND】，弹出右键菜单点击【构建】。

2．网络分析

（1）基于距离的 OD 成本矩阵

在 ArcMap 中打开 Roadnet_ND 网络数据集，加载居民点和商业金融中心两个点要素类，使用网络分析工具栏实现基于距离的 OD 成本矩阵，操作步骤如下：

第一步：点击【Network Analyst】工具栏上的按钮【Network Analyst】，在下拉菜单中选择【新建 OD 成本矩阵】（图 1-12-28），然后点击按钮显示【Network Analyst】设置面板（图 1-12-29）。

图 1-12-28　新建 OD 成本矩阵菜单

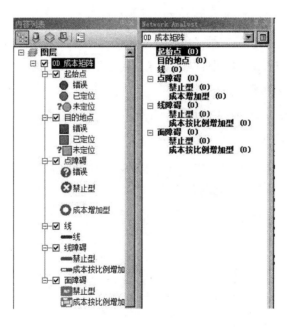

图 1-12-29　Network Analyst 设置面板

第二步：在【Network Analyst】面板右击【起始点】项，在弹出的菜单中选择【加载位置】，显示对话框如图 1-12-30 所示。

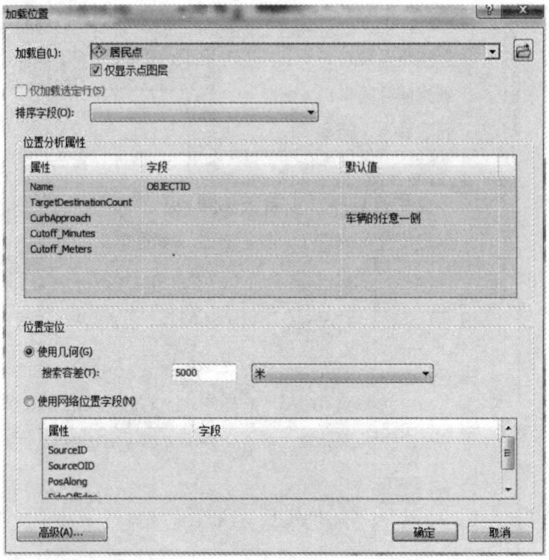

图 1-12-30　加载起点位置

第三步：将【加载自】栏设置为【居民点】。

第四步：将【Name】的属性【字段】设置为【OBJECTID】，然后点击【确定】。设置后，【起始点】的【Name】属性值将是【居民点】的【OBJECTID】，其目的是用于以后连接【起始点】表和【居民点】表。

第五步：在【Network Analyst】面板右击【目的地点】项，在弹出的菜单中选择【加载位置】，显示对话框如图 1-12-31 所示。

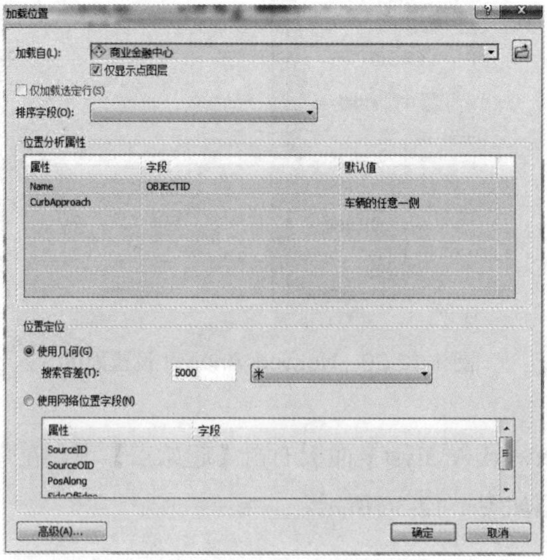

图 1-12-31　加载终点位置

第六步：将【加载自】栏设置为【商业金融中心】。

第七步：将【Name】的属性【字段】设置为【OBJECTID】，然后点击【确定】。如果不满意默认的图层符号，可选中【起始点】弹出右键菜单，点击【属性】（图 1-12-32），在属性对话框中对图层符号进行设置。

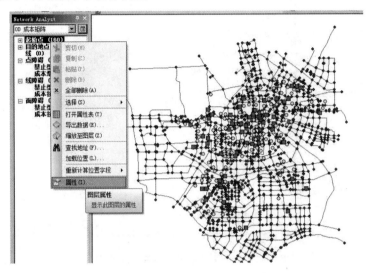

图 1-12-32　起始点符号设置

第八步：设置【位置分配】属性。点击【Network Analyst】面板右上角的【属性】按钮，显示【图层属性】对话框；切换到【常规】选项卡，设置【图层名称】为【商业金融中心_OD 成本矩阵（距离）】，如图 1-12-33 所示。

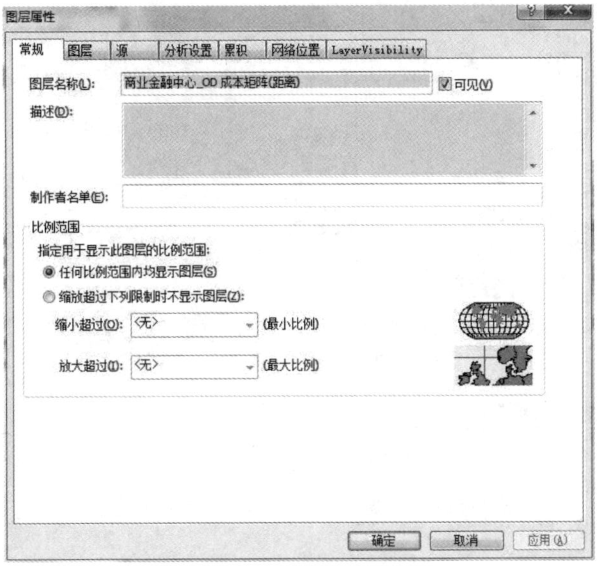

图 1-12-33　图层命名

切换到【分析设置】选项卡，选择【阻抗】为【Meters（米）】，如图 1-12-34 所示。

图 1-12-34　基于距离分析的阻抗设置

第九步：求解。设置完成后，点击【Network Analyst】工具条上的【求解】工具 ，得到基于距离的 OD 成本矩阵【商业金融中心_OD 成本矩阵（距离）】。选择【线】，弹出右键菜单，查看属性表（图 1-12-35），可以看到之间的距离成本，如图 1-12-36 所示。

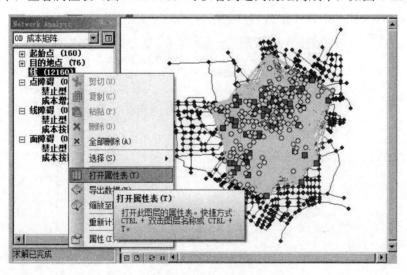

图 1-12-35　基于距离的 OD 成本矩阵分析

OriginID	DestinationID	Total_Meters
1991	3	1509.328534
1991	4	6461.99049
1991	10	8475.215136
1991	6	8506.17099
1991	11	8963.529329
1991	8	9197.858546
1991	12	9258.683927
1991	1	9392.768842
1991	9	9564.142504
1991	64	9649.017445

图 1-12-36　距离成本

（2）基于时间的 OD 成本矩阵

第一步至第七步和基于距离的 OD 成本矩阵相同。

第八步：设置【位置分配】属性。点击【Network Analyst】面板右上角的【属性】按钮，显示【图层属性】对话框；切换到【常规】选项卡，设置【图层名称】为【商业金融中心_OD 成本矩阵（时间）】；切换到【分析设置】选项卡，选择【阻抗】为【Minutes（分钟）】，如图 1-12-37 所示。

图 1-12-37　基于时间分析的阻抗设置

第九步：求解。设置完成后，点击【Network Analyst】工具条上的【求解】工具.▦，得到基于时间的 OD 成本矩阵，如图 1-12-38 所示。

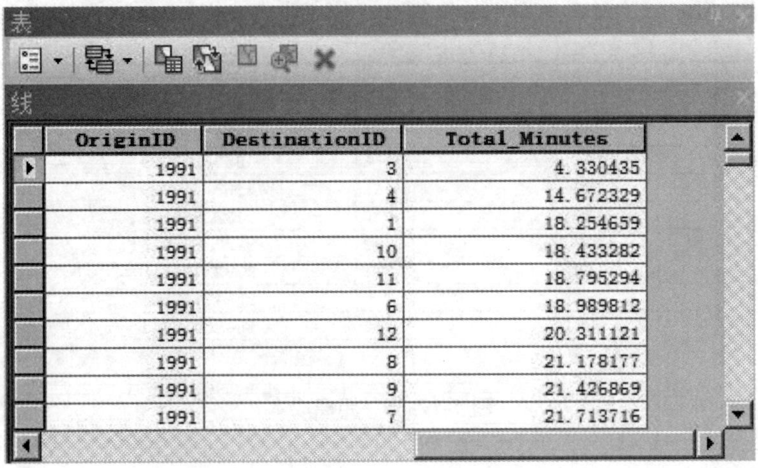

OriginID	DestinationID	Total_Minutes
1991	3	4.330435
1991	4	14.672329
1991	1	18.254659
1991	10	18.433282
1991	11	18.795294
1991	6	18.989812
1991	12	20.311121
1991	8	21.178177
1991	9	21.426869
1991	7	21.713716

图 1-12-38　时间成本

第二部分

案例实验

案例实验一

校园场景三维虚拟

一、实验要求

了解 ArcScene 用户界面；熟悉地理数据三维浏览功能；掌握利用遥感影像对地形表面纹理进行贴图；掌握制作飞行动画的基本操作；了解空间场景虚拟的方法及过程。

二、实验基本背景

随着数字校园的快速发展，虚拟校园也开始进入人们的眼帘，规划虚拟校园已成为高校发展的必然趋势。利用 GIS 和 RS 技术，以 ArcScene 为平台，创建校园虚拟场景，融合学校的教学环境、校园风貌等信息并在三维平台上展示，能够对学校信息有直观了解，提升校园环境建设的虚拟化和网络化能力。

三、实验内容

①GIS 数据三维显示。
②三维飞行动画制作。

四、实验数据

本实验数据详见表 2-1-1。

表 2-1-1　实验数据属性

数据	文件名称	格式	说明
1	安徽建筑大学 高清影像图	.tif	遥感影像图
2	校园矢量图	.mxd	Ajd.mxd
3	DEM	.tif	数字高程模型

五、实验主要操作过程及步骤

1．GIS 数据三维显示

运行程序：【开始菜单】—【所有程序】—【ArcGIS】—【ArcScene】，打开 ArcScene，在 ArcScene 中执行命令：【工具】—【扩展】，选中【3D Analyst】扩展模块，在 ArcScene 中点击【添加数据】按钮 ✦·，将图层建筑物、道路、绿地、湖面、广场、活动场所、边界线、遥感影像、TIN 添加到当前场景中。结果如图 2-1-1 所示。

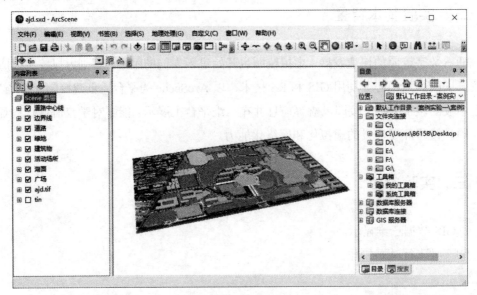

图 2-1-1　图层加载

在图层列表面板（TOC）中右击图层【ajd.tif】，打开【图层属性】对话框，在【基本高度】选项页中，将高度设置为：【在自定义表面上浮动】，并选择当前场景中的 TIN 数据图层：【tin】（图 2-1-2），在【用于将图层高程值转换为场景单位的系数】中设定高程的夸张系数为"1"，点【确定】退出。然后在 Scene 图层上点右键，选择【场景属性】，点击【常规】标签，选择【垂直夸大】，点选【基于范围进行计算】，最后选择【确定】，刷新后如图 2-1-3 所示。

图 2-1-2 基本高度设置

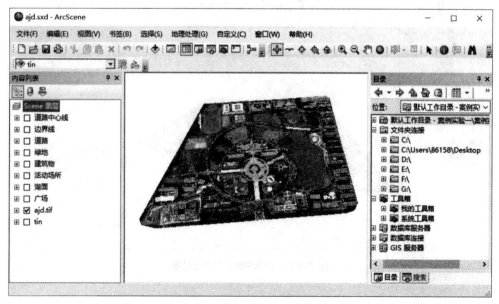

图 2-1-3 基本高度设置结果显示

以相同方法设置图层【建筑物】、【道路】、【绿地】、【湖面】、【广场】、【活动场所】、【边界线】的属性，夸张系数统一设置为【0.1】，对图层【建筑物】，还需要进一步设置【拉伸】选项和【符号】选项，通过设置拉伸表达式【HEIGHT*0.1】，建筑物的高度将根据属性字段【HEIGHT】的数据确定。如图 2-1-4、图 2-1-5 和图 2-1-6 所示。

图 2-1-4　拉伸设置

图 2-1-5　拉伸高度计算

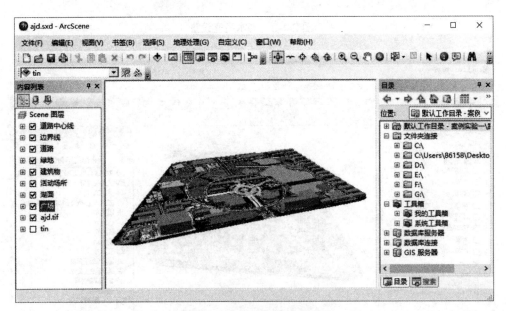

图 2-1-6　建筑物拉伸结果显示

通过设置【符号】选项，为不同的建筑赋不同的颜色。如图 2-1-7 所示。

图 2-1-7　建筑物符号化

完成后的效果如图 2-1-8 所示：可以点击【工具栏】上的查询按钮 🛈，查询每个建筑物的属性，如图 2-1-9 所示。

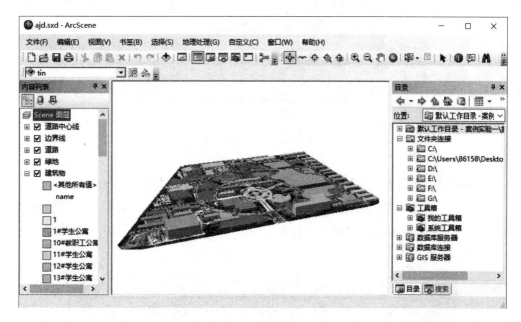

图 2-1-8　建筑物符号化结果显示

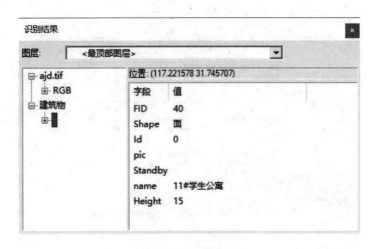

图 2-1-9　建筑物属性

点击【保存】，保存三维场景文档【ajd.sxd】，如图 2-1-10 所示。

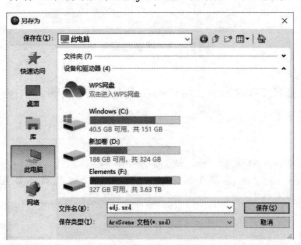

图 2-1-10　三维场景保存

通过操作，熟悉【工具】中各按钮的功能，其中【飞行】按钮有两种状态，表示停止飞行，表示正在飞行，如图 2-1-11 所示。通过点击鼠标左键可以加快飞行速度，通过点击鼠标右键可以减慢飞行速度，直至停止，通过移动鼠标可以调整飞行方位、高度。如图 2-1-12 所示。

图 2-1-11　工具栏

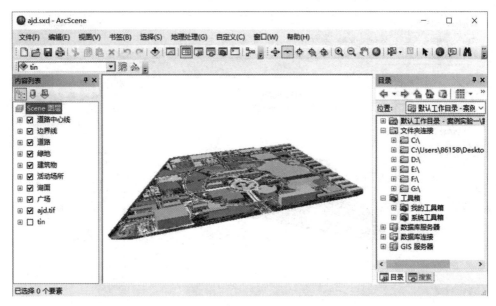

图 2-1-12　飞行模式

ArcScene 中的三维场景可以导出为二维图片或三维 VRML 文件【.wrl】，如图 2-1-13 所示。其中，导出为 VRML 的三维场景可以发布到 Web 上。

图 2-1-13　三维场景导出

2．三维飞行动画制作

录制飞行过程生成动画：在 ArcScene 中打开三维场景文档【ajd.sxd】，在工具栏显示区点右键，打开【3D 分析】、【动画】、【工具】这三个工具栏。如图 2-1-14 所示。

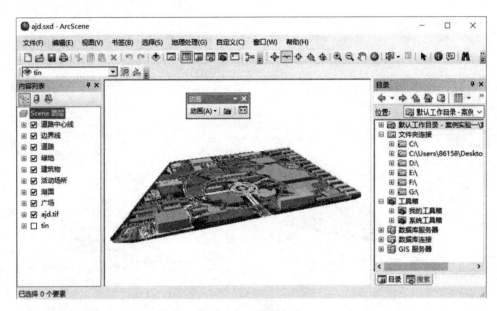

图 2-1-14　动画工具

点击【动画】工具栏中的【动画控制】按钮，打开【动画控制】工具栏，如图 2-1-15 所示。点击【动画控制】中的【录制】按钮；在【工具】中选择【飞行】工具。

图 2-1-15　动画控制

然后在地图显示区沿任意路线进行飞行，时间建议不要超过 30 s，然后点击鼠标右键直至停止飞行。点击【动画控制】工具中的停止按钮【■】，停止录像，点击播放按钮，播放所录的动画。如图 2-1-16 所示。

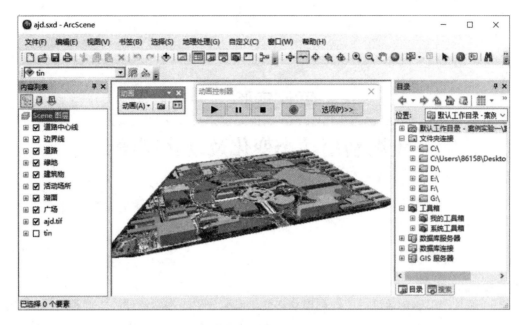

图 2-1-16　动画录制

案例实验二

土地利用动态变化及现状制图

一、实验要求

了解利用遥感影像进行土地利用动态变化研究分析的基本原理；掌握利用 ArcGIS 对遥感影像进行处理，如拼接、裁剪、解译分类等操作；掌握利用空间统计进行地类变化和地类转换分析，制作土地利用转移矩阵；熟练掌握制作土地利用现状专题图；熟练掌握 ArcGIS 空间分析在土地利用动态变化研究中的应用。

二、实验基本背景

土地是最基本的自然资源和生产要素，也是自然生态系统的重要组成部分。土地利用是人类在土地资源基础上进行的生活和生产活动，它直接反映了人类对各种土地资源利用的结果，随着工业化、城镇化的发展以及社会经济和人口的增长，其基于的土地利用状况也在不断地发生变化。土地利用变化的结果不仅影响了生态系统的演替，同时也决定了区域社会经济发展的质量及其可持续性。因此，合理开发、利用和保护有限的土地资源是生态文明建设和高质量发展的重要基础。

利用地理信息系统，对遥感影像进行解译分类，统计地类面积，制作土地利用转移矩阵，对土地利用动态变化进行研究分析，能够定量反映土地变化的特征；通过制作土地利用现状图，也能完整反映土地资源数量、质量、分布和利用特点，可以提高人们对土地覆盖、利用、环境资源等方面的认识，有利于合理配置土地资源，缓解人地矛盾、提高土地利用率，促进可持续发展。

三、实验内容

利用 ArcGIS，对遥感影像（下载 TM 影像，裁剪一块熟悉的区域）进行解译分类、利用空间统计进行地类变化和地类转换分析，制作土地类型转换矩阵，并统计地区乡镇单元各地类的面积，最后制作区域土地利用专题图。

①下载两期 TM 遥感影像数据。

②对遥感影像数据进行波段合成、转换格式等预处理。

③利用矢量数据对遥感影像进行裁剪。

④对遥感影像进行监督分类。

⑤区域土地利用类型面积变化统计。

⑥制作土地利用转移矩阵。

⑦各乡镇单元土地利用类型面积统计。

⑧制作土地利用专题图。

四、实验数据

本实验数据详见表 2-2-1。

表 2-2-1　本实验数据属性

数据	文件名称	格式	说明
1	舒城县 2005 年 TM 影像	.tiff	遥感影像图
2	舒城县 2010 年 TM 影像	.tiff	遥感影像图
3	舒城县矢量数据	.shp	矢量图
4	舒城县乡镇矢量数据	.shp	矢量图

五、实验主要操作过程及步骤

下载舒城县 2005 年和 2010 年的 TM 遥感影像，利用 ArcGIS 对影像进行裁剪、监督分类，然后统计舒城县 2005—2010 年的土地利用面积变化，制作土地利用转移矩阵，统计舒城县各乡镇土地利用类型的面积，最后制作两期土地利用专题图。

1．下载遥感影像

打开地理空间数据云，数据集选择 "Landsat4-5 TM 卫星数字产品"，以安徽省六安市舒城县为例，输入行政区，点击【搜索】；首先选择 2010 年 1 月 1 日至 2019 年 10 月 1 日这一时间段，要求影像的云量为零或低于 10%。经过筛选后，选择 2010 年 1 月 14 日，云量为 0，如图 2-2-1 所示。

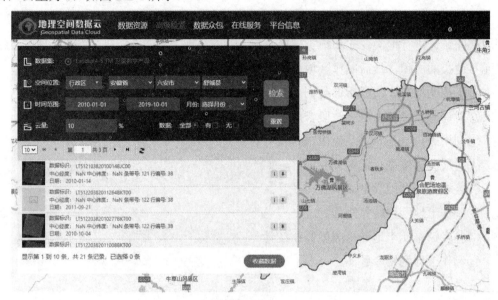

图 2-2-1　下载 2010 年舒城县 TM 遥感影像

然后在 2005 年 1 月 1 日至 2005 年 12 月 31 日这一时段段选择 2005 年 1 月 16 日影像，如图 2-2-2 所示，并下载影像。

图 2-2-2　下载 2005 年舒城县 TM 遥感影像

2．遥感影像预处理

第一步：加载影像。打开 ArcMap，在菜单栏中点击【添加数据】按钮 ◆·，选择 2005 年舒城县的 TM 影像数据中的 MTL 文件，如图 2-2-3 所示。

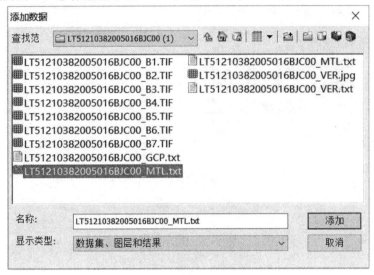

图 2-2-3　添加遥感影像

点击【添加】，将影像加载到 ArcMap 中，如图 2-2-4 所示。

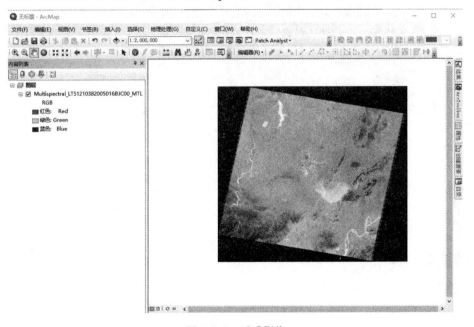

图 2-2-4　遥感影像

第二步：波段合成。点击【ArcToolbox】—【数据管理工具】—【栅格】—【栅格处理】—【波段合成】，在【输入栅格】中添加需要合成的多个波段文件，如图 2-2-5 所示。

图 2-2-5　输入栅格

点击【添加】，选择输出栅格的存放路径，如图 2-2-6 所示。

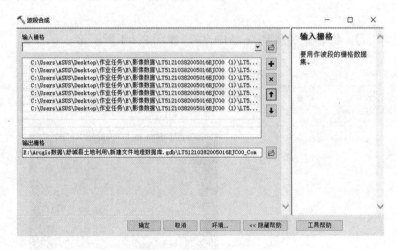

图 2-2-6　【波段合成】对话框

点击【确定】，生成影像如图 2-2-7 所示。

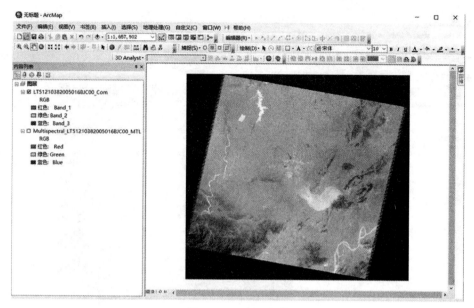

图 2-2-7　波段合成

第三步：将数据导出为 tif 格式，以便于进行监督分类。右击波段合成后的数据图层，选择【数据】—【导出数据】，设置保存的位置，如图 2-2-8 所示。

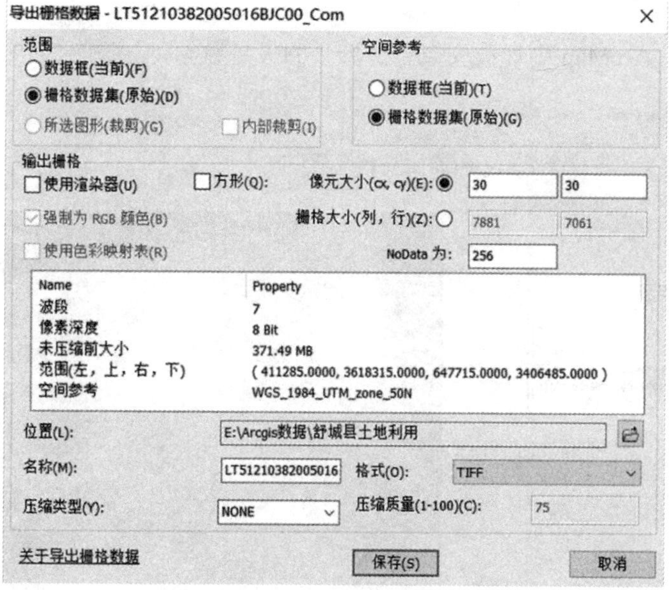

图 2-2-8　导出数据对话框

点击【保存】，并将导出的数据以图层的形式添加到地图中，如图 2-2-9 所示。

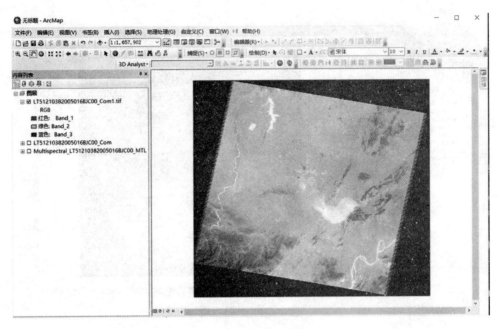

图 2-2-9 加载导出的数据

3．影像裁剪

第一步：在 ArcMap 中加载安徽省舒城县的矢量数据，如图 2-2-10 所示。

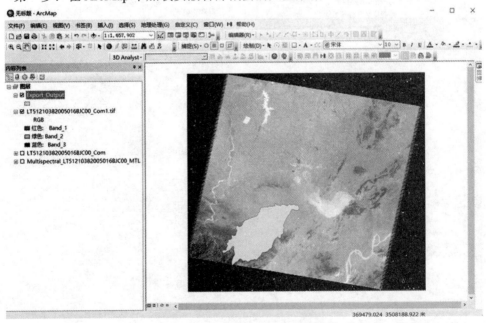

图 2-2-10 加载舒城县矢量数据

第二步：选择【ArcToolbox】—【Spatial Analyst】—【提取分析】—【按掩膜提取】。输入波段合成后的影像为栅格数据，舒城县矢量边界为掩膜数据，并输出栅格，如图2-2-11 所示。

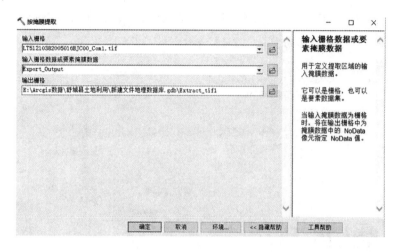

图 2-2-11 【按掩膜提取】对话框

点击【确定】，得到裁剪后的影像，如图 2-2-12 所示。

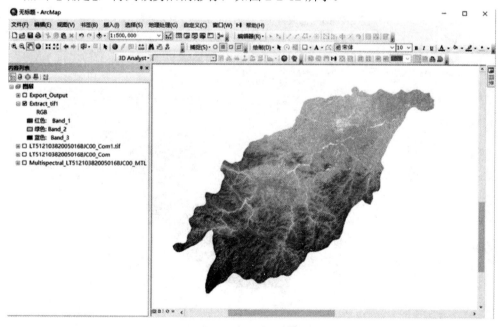

图 2-2-12 裁剪后的遥感影像

4．监督分类

第一步：波段融合。在图层中右击裁剪后的影像，选择【属性】—【符号系统】，更改合成的波段为 4（R）、5（G）、3（B）假彩色合成波段，如图 2-2-13 所示，以便于进行监督分类，合成后的影像如图 2-2-14 所示。

图 2-2-13　合成 4（R）、5（G）、3（B）波段

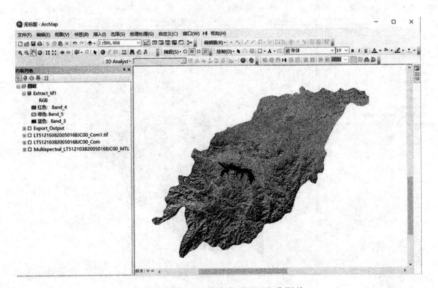

图 2-2-14　波段融合后的遥感影像

以 4（R）、5（G）、3（B）波段显示遥感影像中，水域呈深蓝或黑色，不规则分布，色调均匀，轮廓自然弯曲；建设用地呈深蓝色，条状或片状分布，形状规则，边界清晰；

耕地呈红色，连续不规则；林地呈现深褐色，图像纹理较粗糙；未利用土地呈灰白色，边界清晰；草地呈现黄绿、蓝绿色，植被覆盖度大的颜色较深。

　　第二步：创建特征要素图层。在【目录】窗口，选择合适的文件夹，右击选择【新建】—【Shapefile】，如图 2-2-15 所示，创建新的 Shapefile 文件，【名称】为 "class"，【要素类型为】"面"，【空间参考】选择 "WGS_1984_UTM_zone_50N"，如图 2-2-16 所示。

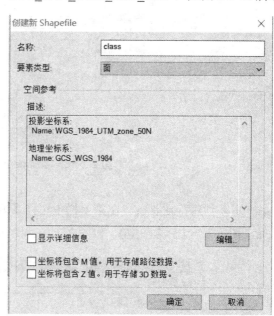

图 2-2-15　新建 Shapefile 文件　　　　图 2-2-16　【创建新 Shapefile】对话框

　　右键【class】图层，选择【打开属性表】，点击左上角的【表】—【添加字段】，如图 2-2-17 所示。

图 2-2-17　添加字段

在 class 属性表中添加"name"字段，类型为"文本"，如图 2-2-18 所示，点击【确定】。

图 2-2-18 添加 name 字段

第三步：创建特征要素。在菜单栏中选择【编辑器】工具条中的【开始编辑】，选择"class 图层"，点击【确定】，如图 2-2-19、图 2-2-20 所示。

图 2-2-19 【编辑器】工具条

图 2-2-20 选择开始编辑"class"图层

点击【编辑器】窗口的【创建要素】按钮 ▣，以添加新要素，如图 2-2-21 所示，创建"class"要素，【构造工具】选择"面"。

图 2-2-21 创建 class 要素窗口

首先选择水域要素，在遥感影像中选择水域区域，然后双击确定要素，如图 2-2-22 所示。

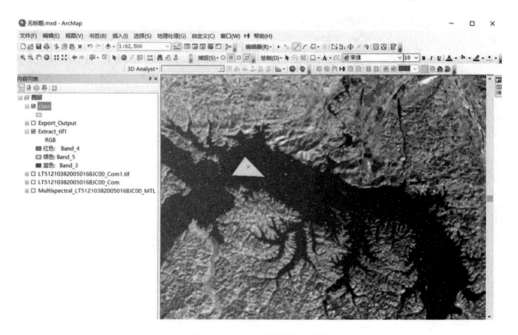

图 2-2-22 水域要素的创建

在选择多个水域要素之后，右击"class 图层"，选择【打开属性表】，将其中的属性全部选中，如图 2-2-23 所示，然后选择【编辑器】—【合并】，如图 2-2-24 所示，将要素合并为"水域"，如图 2-2-25 所示。

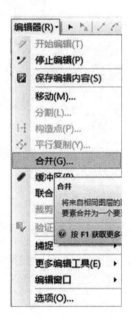

图 2-2-23　全选所有要素属性　　　　　　　　　　图 2-2-24　合并

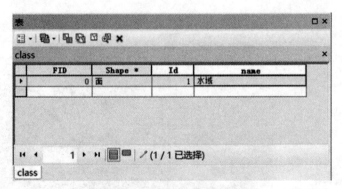

图 2-2-25　全部属性合并为水域

然后点击【编辑器】—【保存编辑内容】，结果如图 2-2-26 所示。

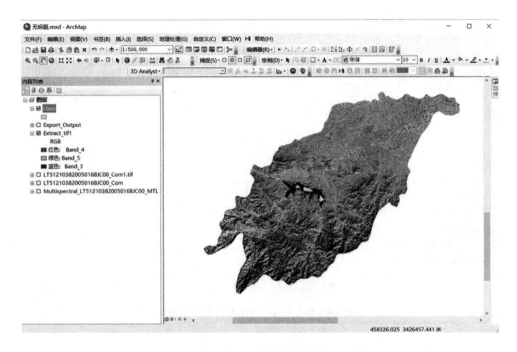

图 2-2-26　保存水域要素

按照同样的步骤，依次创建“建设用地”“耕地”“林地”“未利用土地”以及“草地”，得到“class 图层”的属性表如图 2-2-27 所示。

表

class

FID	Shape *	Id	name
0	面	1	水域
1	面	2	建设用地
2	面	3	耕地
3	面	4	林地
4	面	5	未利用土地
5	面	6	草地

6 (1 / 6 已选择)

class

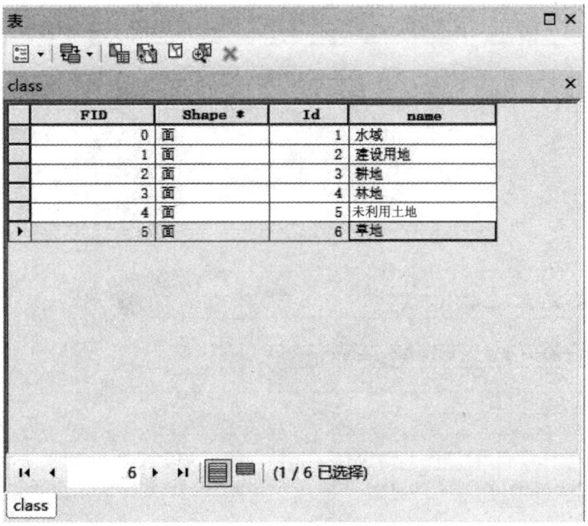

图 2-2-27　特征要素属性表

第四步：创建特征文件。选择【ArcToolbox】—【Spatial Analyst】—【多元分析】—【创建特征文件】，输入裁剪后的遥感影像，输入样本数据“class”，然后输出特征文件，如图 2-2-28 所示。

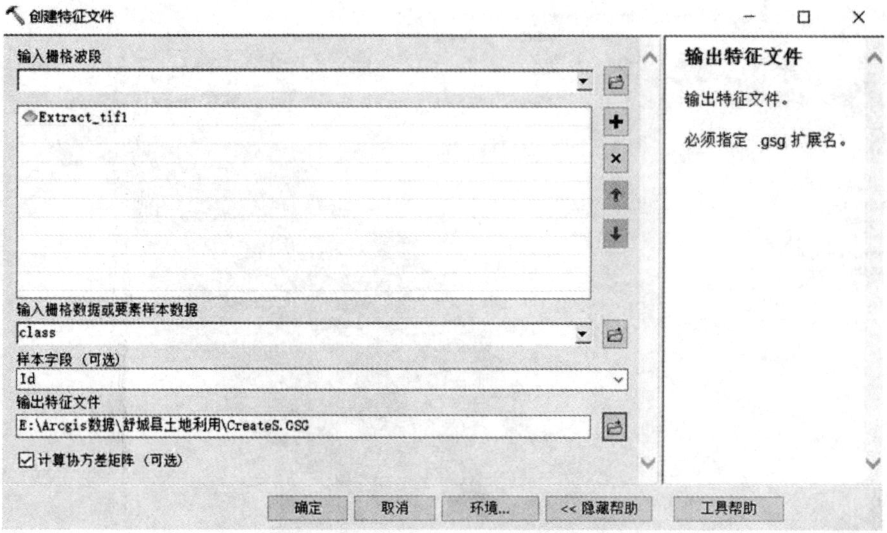

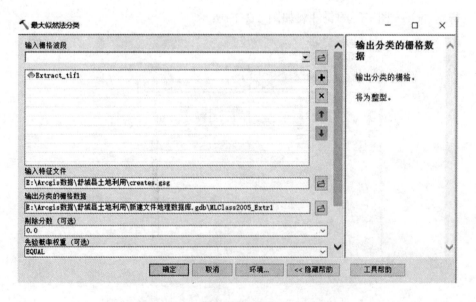

图 2-2-28 【创建特征文件】对话框

第五步：最大似然法分类。选择【ArcToolbox】—【Spatial Analyst】—【多元分析】—【最大似然法分类】，分别输入裁剪后的遥感影像数据和特征文件，如图 2-2-29 所示。

图 2-2-29 【最大似然法分类】对话框

点击【确定】，得到监督分类结果如图 2-2-30 所示。

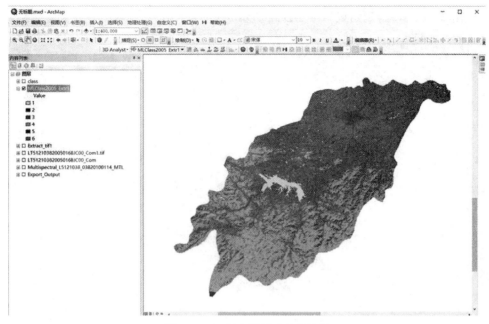

图 2-2-30　最大似然法分类结果

右击监督分类结果的图层，选择【图层属性】—【符号系统】，修改标注和颜色，如图 2-2-31 所示。

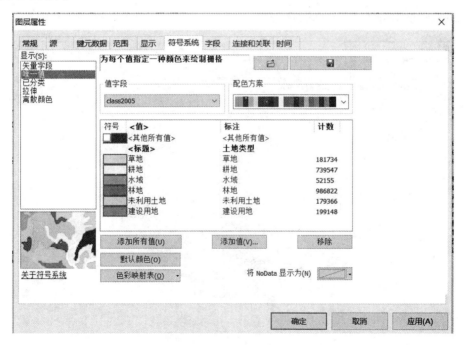

图 2-2-31　修改标注和颜色

点击【确定】，得到结果如图 2-2-32 所示。

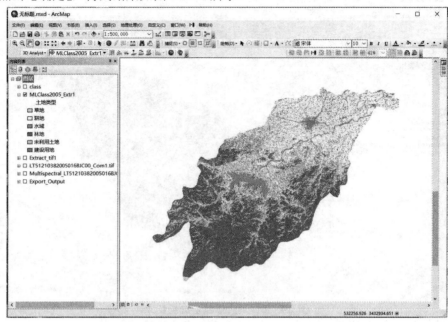

图 2-2-32　舒城县 2005 年土地利用监督分类结果

同样，对 2010 年遥感影像数据依次进行遥感影像预处理、影像裁剪、监督分类，得到 2010 年监督分类结果如图 2-2-33 所示。

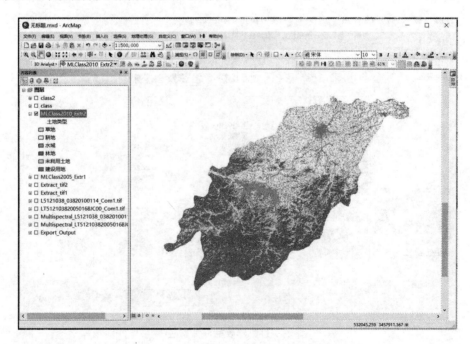

图 2-2-33　舒城县 2010 年土地利用监督分类结果

5．土地利用面积变化统计

第一步：添加属性。右击监督分类后的 2005 年土地利用数据"MLClass2005_Extr1"，选择【打开属性表】，点击右上角的【表选项】—【添加字段】，添加字段"class2005"，类型为"文本"，如图 2-2-34 所示，点击【确定】。

图 2-2-34 添加"class2005"字段

然后在【编辑器】工具条中选择【编辑器】—【开始编辑】，选择要编辑的图层为"VTA_MLClass2005_Extr1"监督分类后的图层，如图 2-2-35 所示。

图 2-2-35 编辑监督分类后的图层

点击【确定】，添加字段如图 2-2-36 所示。在【编辑器】中选择【保存编辑内容】，然后选择【停止编辑】。

OBJECTID *	Value	Count	class2005
1	1	52157	水域
2	2	202111	建设用地
3	3	784221	耕地
4	4	978152	林地
5	5	162719	未利用土地
6	6	159412	草地

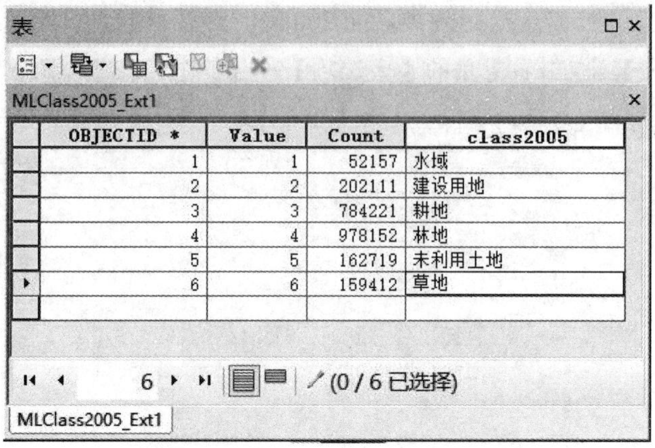

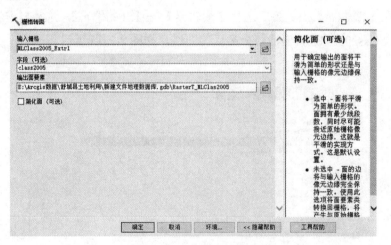

图 2-2-36 编辑“class2005”字段

第二步：数据转换。将监督分类后的栅格数据转换为矢量数据。在【ArcToolbox】—【转换工具】—【由栅格转出】—【栅格转面】，输入栅格数据，字段选择“class2005”，如图 2-2-37 所示。

图 2-2-37 【栅格转面】对话框

点击【确定】，生成矢量数据如图 2-2-38 所示。

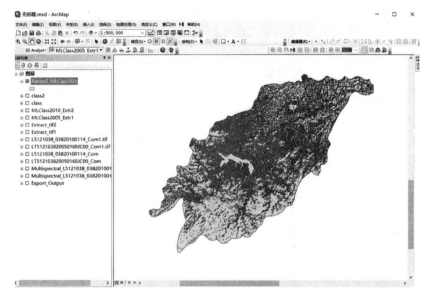

图 2-2-38 栅格转面结果

右击图层【打开属性表】，可以观察到属性表如图 2-2-39 所示。

OBJECTID *	Shape *	Id	gridcode	Shape_Length	Shape_Area	class2005
1	面	1	2	120	900	建设用地
2	面	2	2	120	900	建设用地
3	面	3	3	600	10800	耕地
4	面	4	1	120	900	水域
5	面	5	5	120	900	未利用土地
6	面	6	6	120	900	草地
7	面	7	2	120	900	建设用地
8	面	8	6	120	900	草地
9	面	9	6	240	2700	草地
10	面	10	2	240	2700	建设用地
11	面	11	1	120	900	水域
12	面	12	1	120	900	水域
13	面	13	2	120	900	建设用地
14	面	14	6	120	900	草地
15	面	15	2	120	900	建设用地
16	面	16	2	360	4500	建设用地
17	面	17	3	180	1800	耕地
18	面	18	3	240	2700	耕地
19	面	19	2	300	3600	建设用地
20	面	20	2	240	2700	建设用地
21	面	21	6	180	1800	草地
22	面	22	6	360	4500	草地
23	面	23	6	240	2700	草地
24	面	24	6	180	1800	草地
25	面	25	2	120	900	建设用地
26	面	26	5	120	900	未利用土地
27	面	27	6	300	3600	草地
28	面	28	2	120	900	建设用地
29	面	29	2	180	1800	建设用地
30	面	30	6	120	900	草地
31	面	31	2	540	7200	建设用地

1 ▶ ▶ᴵ (0 / 156381 已选择)

RasterT_MLClass2005

图 2-2-39 栅格转面属性表

第三步：数据融合。将生成的矢量数据的"class2005"字段中相同的属性数据融合在一起。点击【ArcToolbox】—【数据管理工具】—【制图综合】—【融合】，输入矢量数据，选择【融合字段】为"class2005"，如图 2-2-40 所示。

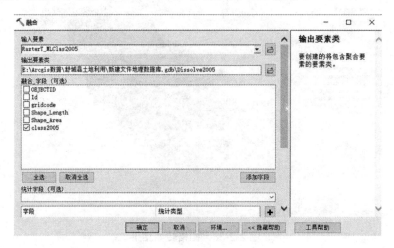

图 2-2-40　【融合】对话框

打开融合后数据的属性表，如图 2-2-41 所示，表中"Shape_Area"字段显示为 2005 年县区各地类面积。

OBJECTID *	Shape *	class2005	Shape_Length	Shape_Area
1	面	草地	10081140.000004	143470800.000017
2	面	耕地	17517900.000011	705798899.999997
3	面	建设用地	11683500.000003	181899899.999973
4	面	林地	10810980.000004	880336800.000047
5	面	水域	1081860	46941300.000003
6	面	未利用土地	7945920	146447099.999971

图 2-2-41　2005 年数据融合后的属性表

同样对 2010 年监督分类后的栅格数据进行数据转化、数据融合，得到融合后数据的属性表如图 2-2-42 所示。

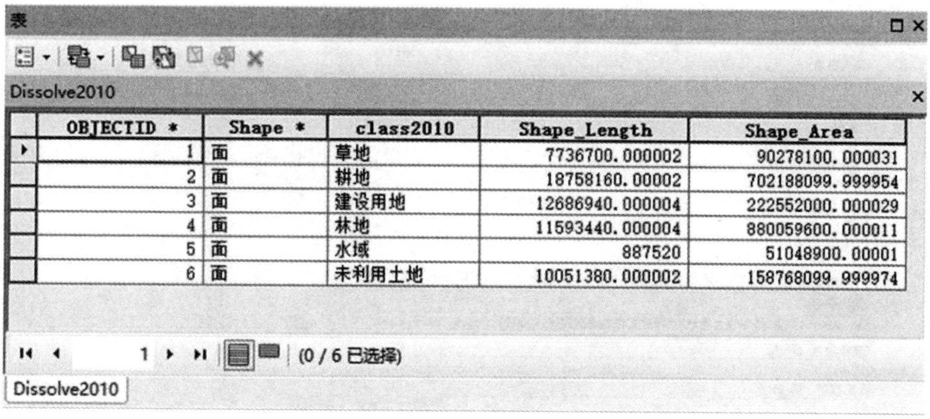

图 2-2-42 2010 年数据融合后的属性表

第四步：在 Excel 表中根据属性表进行统计，将单位转化为 km²，得到 2005—2010 年舒城县土地利用面积变化，如表 2-2-2 所示。

表 2-2-2 2005—2010 年舒城县土地利用面积变化

土地类型	2005 年		2010 年		增减变化	
	面积/km²	比例/%	面积/km²	比例/%	面积/km²	比例/%
草地	143.47	6.82	90.28	4.29	−53.19	−2.53
耕地	705.80	33.53	702.19	33.36	−3.61	−0.17
建设用地	181.90	8.64	222.55	10.57	40.65	1.93
林地	880.34	41.82	880.06	41.81	−0.28	−0.01
水域	46.94	2.23	51.05	2.43	4.11	0.20
未利用土地	146.45	6.96	158.77	7.54	12.32	0.59

从表 2-2-2 中可知，舒城县 2005 年草地面积为 143.47 km²，在舒城县总面积中占比 6.82%，到 2010 年减少了 53.19 km²，面积变为 90.28 km²，占比 4.29%；耕地面积有所减少，从 2005 年的 705.80 km²，减少到 2010 年的 702.19 km²，减少了 3.61km²；建设用地从 181.90 km²、占比 8.64%增加到 222.55 km²、占比 10.57%，增加了 40.65 km²；林地面积从 880.34 km² 减少到 880.06 km²；水域面积从 46.94 km² 增加到 51.05 km²；未利用土地面积从 146.45 km² 增加到 158.77 km²。

6．制作土地利用转移矩阵

第一步：叠加分析。将上一步得到的融合后的土地利用数据进行叠加分析。选择【ArcToolbox】—【分析工具】—【叠加分析】—【相交】，输入融合后的 2005 年和 2010 年土地利用数据，【连接属性】选择 "ALL"，如图 2-2-43 所示。

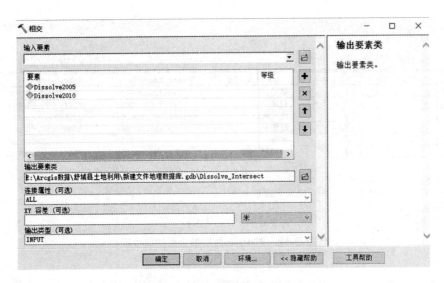

图 2-2-43 【相交】对话框

点击【确定】，打开所得数据的属性表，如图 2-2-44 所示。

OBJECTID *	Shape *	FID_Dissolve2010	class2010	FID_Dissolve_2005	class2005	Shape_Length	Shape_Area
1	面	1	草地	1	草地	3009540	34007399.999986
2	面	1	草地	2	耕地	3143580.000003	30211200.000034
3	面	1	草地	3	建设用地	739420	6002100.000001
4	面	1	草地	4	林地	866580	7607700.000000
5	面	1	草地	5	水域	4560	39599.999999
6	面	1	草地	6	未利用土地	1278780	12410100
7	面	2	耕地	1	草地	6114780.000001	66273300.000037
8	面	2	耕地	2	耕地	17443140.000007	538295399.999899
9	面	2	耕地	3	建设用地	5610840	54339300.000009
10	面	2	耕地	4	林地	2321700.000001	21489300.000012
11	面	2	耕地	5	水域	20100	175500.000002
12	面	2	耕地	6	未利用土地	2140020.000001	21615300.000006
13	面	3	建设用地	1	草地	1429379.999999	13003199.99999
14	面	3	建设用地	2	耕地	7281780.000001	81174600.000013
15	面	3	建设用地	3	建设用地	7060980.000002	1034559U0.000037
16	面	3	建设用地	4	林地	1454820	13450500.000012
17	面	3	建设用地	5	水域	645240	6717599.999999
18	面	3	建设用地	6	未利用土地	476340	4750199.99999
19	面	4	林地	1	草地	1067040	9093600.000004
20	面	4	林地	2	耕地	3322979.999999	34468199.999988
21	面	4	林地	3	建设用地	793020	6773399.999995
22	面	4	林地	4	林地	11065440.000002	796518900.00003
23	面	4	林地	5	水域	28440	225000.000002
24	面	4	林地	6	未利用土地	3101939.999999	32980499.999979
25	面	5	水域	1	草地	77340	1159199.999999
26	面	5	水域	2	耕地	159720	2354399.999995
27	面	5	水域	3	建设用地	553800	6699599.999989
28	面	5	水域	4	林地	79560	788400.000004
29	面	5	水域	5	水域	643200	39510000.000013
30	面	5	水域	6	未利用土地	36840	537300
31	面	6	未利用土地	1	草地	2124600	19934100.000015
32	面	6	未利用土地	2	耕地	2101080.000001	19295099.999998
33	面	6	未利用土地	3	建设用地	529020	4629599.999992
34	面	6	未利用土地	4	林地	3891600	40481999.999991
35	面	6	未利用土地	5	水域	19560	273599.999998
36	面	6	未利用土地	6	未利用土地	4454699.999998	74153699.99998

图 2-2-44 相交后的属性表

第二步：面积统计，点击属性表左上角【表选项】—【添加字段】，添加"面积"字段，【类型】选择"双精度"，如图 2-2-45 所示。

点击【确定】，然后选中属性表中【面积】一列，右击选择【计算几何】，打开【计算几何】对话框,【属性】选择“面积”,【单位】选择“平方千米”,如图 2-2-46 所示。

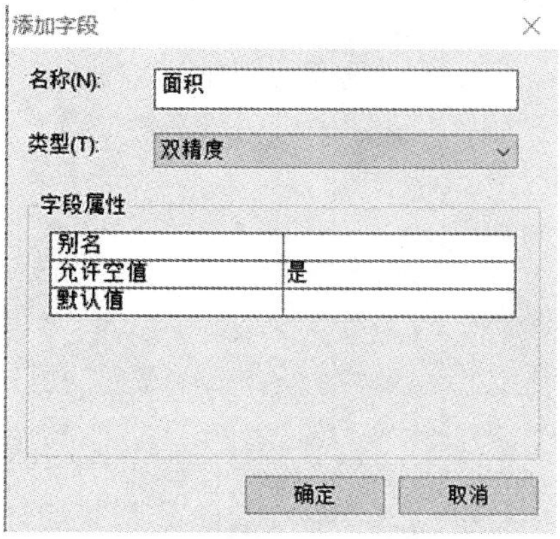

图 2-2-45　添加“面积”字段

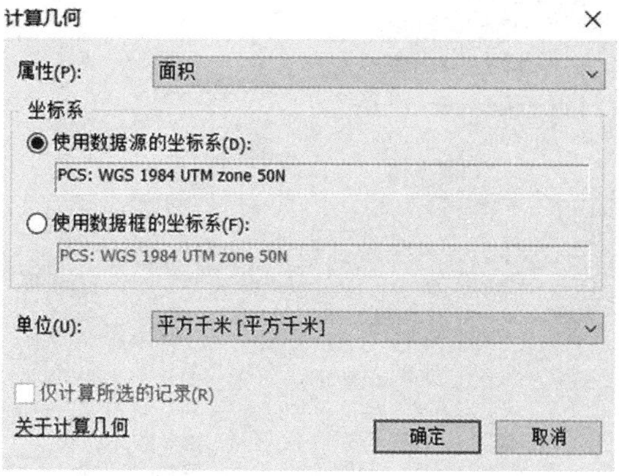

图 2-2-46　【计算几何】对话框

点击【确定】,在属性表中显示计算的面积,如图 2-2-47 所示。

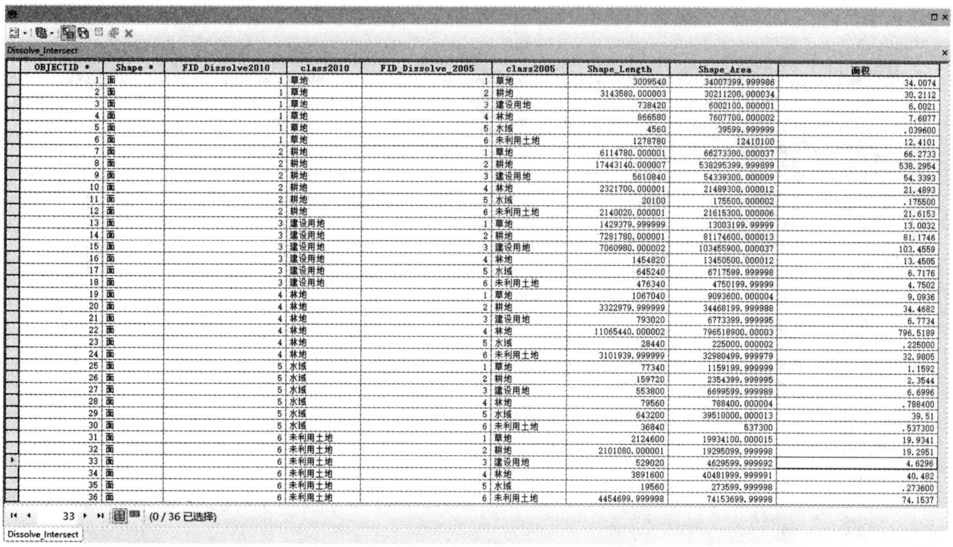

Dissolve_Intersect

OBJECTID *	Shape *	FID_Dissolve2010	class2010	FID_Dissolve_2005	class2005	Shape_Length	Shape_Area	面积
1	面	1	草地	1	草地	3009540	34007399.999986	34.0074
2	面	1	草地	2	耕地	3143580.000003	30211200.000034	30.2112
3	面	1	草地	3	建设用地	738420	6002100.000001	6.0021
4	面	1	草地	4	林地	866580	7607700.000002	7.6077
5	面	1	草地	5	水域	4560	39599.999999	.039600
6	面	1	草地	6	未利用土地	1278780	12410100	12.4101
7	面	2	耕地	1	草地	6114780.000001	66273300.000037	66.2733
8	面	2	耕地	2	耕地	17443140.000007	538295399.999899	538.2954
9	面	2	耕地	3	建设用地	5610840	54339300.000009	54.3393
10	面	2	耕地	4	林地	2321700.000001	21489300.000012	21.4893
11	面	2	耕地	5	水域	20100	175500.000002	.175500
12	面	2	耕地	6	未利用土地	2140020.000001	21615300.000006	21.6153
13	面	3	建设用地	1	草地	1429379.999999	13003199.99999	13.0032
14	面	3	建设用地	2	耕地	7281780.000001	81174600.000013	81.1746
15	面	3	建设用地	3	建设用地	7060980.000002	103455900.000037	103.4559
16	面	3	建设用地	4	林地	1454820	13450500.000012	13.4505
17	面	3	建设用地	5	水域	645240	6717599.999998	6.7176
18	面	3	建设用地	6	未利用土地	476340	4750199.99999	4.7502
19	面	4	林地	1	草地	1067040	9093600.000004	9.0936
20	面	4	林地	2	耕地	3322979.999999	34468199.999988	34.4682
21	面	4	林地	3	建设用地	793020	6773399.999995	6.7734
22	面	4	林地	4	林地	11065440.000002	796518900.00003	796.5189
23	面	4	林地	5	水域	28440	225000.000002	.225000
24	面	4	林地	6	未利用土地	3101939.999999	32980499.999979	32.9805
25	面	5	水域	1	草地	77340	1159199.999999	1.1592
26	面	5	水域	2	耕地	159720	2354399.999995	2.3544
27	面	5	水域	3	建设用地	553800	6699599.999989	6.6996
28	面	5	水域	4	林地	79560	788400.000004	.788400
29	面	5	水域	5	水域	643200	39510000.000013	39.51
30	面	5	水域	6	未利用土地	36840	537300	.537300
31	面	6	未利用土地	1	草地	2124600	19934100.000015	19.9341
32	面	6	未利用土地	2	耕地	2101080.000001	19295099.999998	19.2951
33	面	6	未利用土地	3	建设用地	529020	4629599.999992	4.6296
34	面	6	未利用土地	4	林地	3891600	40481999.999991	40.482
35	面	6	未利用土地	5	水域	19560	273599.999998	.273600
36	面	6	未利用土地	6	未利用土地	4454699.999998	74153699.99998	74.1537

33 (0 / 36 已选择)

Dissolve_Intersect

图 2-2-47　求得面积

第三步:表转 Excel。选择【ArcToolbox】—【转换工具】—【Excel】—【表转 Excel】,输入进行面积统计之后的属性表“Dissolve_Intersect”,输出 Excel 文件,如图 2-2-48 所示。

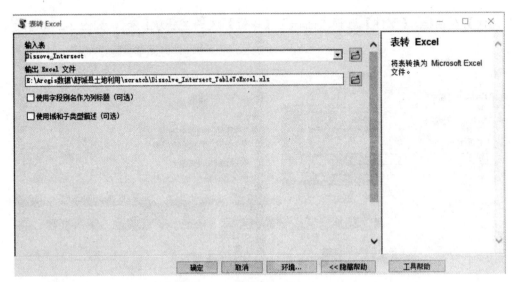

图 2-2-48　【表转 Excel】对话框 1

点击【确定】，然后在 Excel 中打开生成的表格，并删除不需要的数据，如图 2-2-49 所示。

class2010	class2005	面积
草地	草地	34.0074
草地	耕地	30.2112
草地	建设用地	6.0021
草地	林地	7.6077
草地	水域	0.0396
草地	未利用土地	12.4101
耕地	草地	66.2733
耕地	耕地	538.2954
耕地	建设用地	54.3393
耕地	林地	21.4893
耕地	水域	0.1755
耕地	未利用土地	21.6153
建设用地	草地	13.0032
建设用地	耕地	81.1746
建设用地	建设用地	103.4559
建设用地	林地	13.4505
建设用地	水域	6.7176
建设用地	未利用土地	4.7502
林地	草地	9.0936
林地	耕地	34.4682
林地	建设用地	6.7734
林地	林地	796.5189
林地	水域	0.225
林地	未利用土地	32.9805
水域	草地	1.1592
水域	耕地	2.3544
水域	建设用地	6.6996
水域	林地	0.7884
水域	水域	39.51
水域	未利用土地	0.5373
未利用土地	草地	19.9341
未利用土地	耕地	19.2951
未利用土地	建设用地	4.6296
未利用土地	林地	40.482
未利用土地	水域	0.2736
未利用土地	未利用土地	74.1537

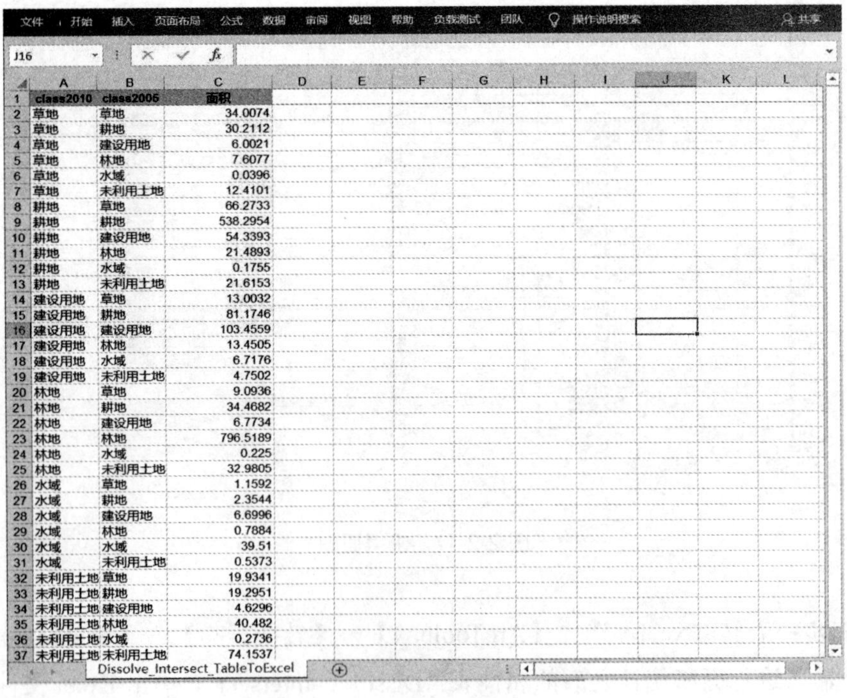

图 2-2-49　打开生成的 Excel 表格

选中所有数据，在 Excel 菜单栏中选择【插入】—【数据透视表】，如图 2-2-50 所示。

图 2-2-50　【创建数据透视表】对话框

点击【确定】，在打开的数据透视表字段中，选中所有字段，并按照要求拖动字段，如图 2-2-51 所示。

图 2-2-51　【数据透视表字段】对话框

Excel 自动计算矩阵，如图 2-2-52 所示。

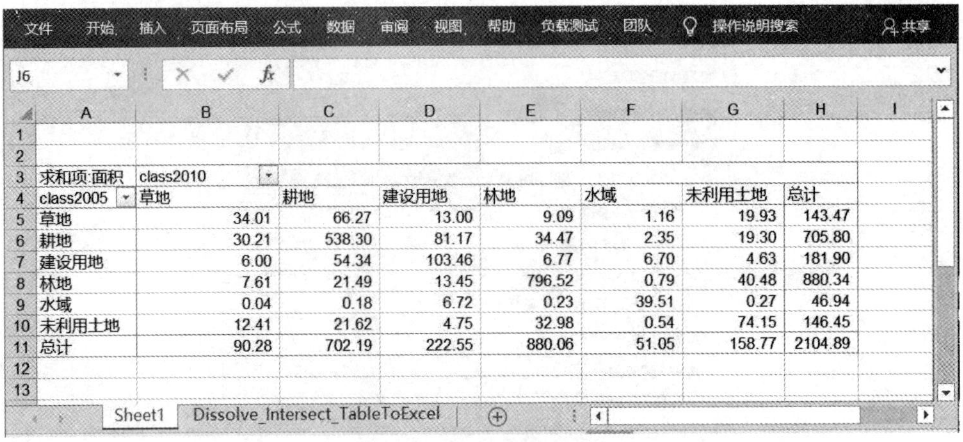

求和项:面积	class2010						
class2005	草地	耕地	建设用地	林地	水域	未利用土地	总计
草地	34.01	66.27	13.00	9.09	1.16	19.93	143.47
耕地	30.21	538.30	81.17	34.47	2.35	19.30	705.80
建设用地	6.00	54.34	103.46	6.77	6.70	4.63	181.90
林地	7.61	21.49	13.45	796.52	0.79	40.48	880.34
水域	0.04	0.18	6.72	0.23	39.51	0.27	46.94
未利用土地	12.41	21.62	4.75	32.98	0.54	74.15	146.45
总计	90.28	702.19	222.55	880.06	51.05	158.77	2104.89

图 2-2-52　生成转移矩阵

然后得到 2005—2010 年舒城县土地利用转移矩阵如表 2-2-3 所示。

表 2-2-3　2005—2010 年舒城县土地利用转移矩阵　　单位：km^2

		2010 年土地利用类型						
		草地	耕地	建设用地	林地	水域	未利用土地	总计
2005 年土地利用类型	草地	34.0	66.27	13.00	9.09	1.16	19.93	143.47
	耕地	30.21	538.30	81.17	34.47	2.35	19.30	705.80
	建设用地	6.00	54.34	103.46	6.77	6.70	4.63	181.90
	林地	7.61	21.49	13.45	796.52	0.79	40.48	880.34
	水域	0.04	0.18	6.72	0.23	39.51	0.27	46.94
	未利用土地	12.41	21.62	4.75	32.98	0.54	74.15	146.45
	总计	90.28	702.19	222.55	880.06	51.05	158.77	2104.89

从表 2-2-3 中可知，舒城县 2005—2010 年六种土地利用类型的转化情况，从以上数据可以看出，草地主要转化为耕地和未利用土地，分别转化了 66.27 km^2 和 19.93 km^2；耕地主要转化为建设用地和林地，分别转化了 81.17 km^2 和 34.47 km^2；建设用地主要转化为耕地和林地，分别转化了 54.34 km^2 和 6.77 km^2；林地主要转化为耕地和未利用土地，分别转化了 21.49 km^2 和 40.48 km^2；水域面积变化较小，主要转化为建设用地和未利用土地，分别转化了 6.72 km^2 和 0.27 km^2；未利用土地主要转化为林地和耕地，分别转化了 32.98 km^2 和 21.62 km^2。

7．各乡镇单元地类面积统计

第一步：加载舒城县乡镇矢量数据，选择【ArcToolbox】—【Spatial Analyst】—【区域分析】—【面积制表】,【输入栅格数据或要素类数据】为"shucheng_xiangzhen"矢量数据,【类字段】选择"mingcheng";【输入栅格数据或要素区域数据】为"Dissolve2005",即融合后的土地利用数据,【区域字段】选择"class2005",如图 2-2-53 所示。

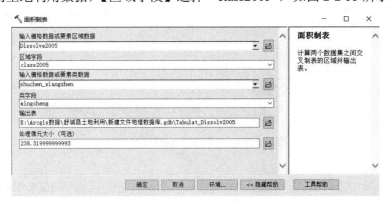

图 2-2-53　【面积制表】对话框

点击【确定】,得到表格,显示舒城县不同乡镇地区地类及其面积,如图 2-2-54 所示。

OBJECTID *	CLASS2005	QIANRENQIAOZHEN	XIAOTIANZHEN	WUXIANZHEN	SHANQIZHEN	ZHANGMUQIAOZHEN	TANGSHUXIANG	BOLINXIANG	TAOXIZHEN
1	草?A	3740563.8784	7042756.3776	7042756.3776	5679642.24	6645181.4209	5736438.6624	3010210.3072	1476706.9824
2	耕?A	58954686.451196	4373324.5248	29818121.759998	14426291.289599	25899168.614398	50208037.401597	77811098.687995	45380341.497597
3	建设?	12324823.660799	1306317.7152	4089342.4128	2215060.4736	12835991.462399	13063177.151999	13801530.643199	13233566.419199
4	林??	511167.8016	249449887.180784	64634328.691196	96269935.967994	23797700.995599	6474792.1536	227185.6896	0
5	水??	3010210.3072	0	0	0	624760.6464	1135928.448	1135928.448	567964.224
6	未利用	738353.4912	41063813.395197	7099562.8	9541798.963199	4657306.6368	4032545.9904	1249521.2928	1022335.6032

I◄ ◄ 1 ► ►I 目圖 (0 / 6 已选择)

Tabulat_Dissolv2005

图 2-2-54　2005 年数据面积制表后的表格

同样,对融合后的 2010 年土地利用数据进行面积制表,得到属性表如图 2-2-55 所示。

OBJECTID *	CLASS2010	QIANRENQIAOZHEN	XIAOTIANZHEN	WUXIANZHEN	SHANQIZHEN	ZHANGMUQIAOZHEN	TANGSHUXIANG	BOLINXIANG	TAOXIZHEN
1	草?A	4941286.7488	6247606.464	3350998.9216	4146138.8352	3237396.0768	1987874.784	1874281.9392	1703892.672
2	耕?A	53331840.633597	8235481.247999	20901083.443199	11075302.367999	30442882.406398	56114865.331196	75823223.903995	42426927.532797
3	建设?	17834076.633599	4657306.6368	4998085.1712	3578174.6112	11472877.324799	12324823.660799	17834076.633599	16470962.495999
4	林??	0	248938719.379184	72245049.292795	98541792.863994	23456922.451199	7042756.3776	56796.4224	0
5	水??	2271856.896	170389.2672	9257816.851199	113592.8448	681557.0688	795149.9136	738353.4912	567964.224
6	未利用	908742.7584	34986596.190398	9030631.161599	10677727.411199	5168474.4384	2385449.7408	908742.7584	511167.8016

I◄ ◄ 1 ► ►I 目圖 (0 / 6 已选择)

Tabulat_Dissolv2010

图 2-2-55　2010 年数据面积制表后的表格

第二步：表转 Excel。选择【ArcToolbox】—【转换工具】—【Excel】—【表转 Excel】,如图 2-2-56 所示。

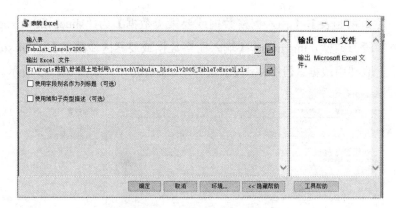

图 2-2-56　【表转 Excel】对话框 2

　　然后打开生成的 Excel 表格，修改单位和名称，转置之后得到 2005 年和 2010 年舒城县各乡镇土地利用类型面积统计表，如表 2-2-4、表 2-2-5 所示。

表 2-2-4　2005 年舒城县各乡镇土地利用类型面积统计　　　　单位：km²

乡镇	草地	耕地	建设用地	林地	水域	未利用土地
千人桥镇	3.77	59.09	12.44	0.51	2.95	0.74
晓天镇	7.09	4.38	1.32	249.05	0.00	40.98
五显镇	7.09	29.89	4.13	64.53	6.97	7.08
山七镇	5.72	14.46	2.24	96.11	0.00	9.52
张母桥镇	6.69	25.96	12.95	23.76	0.61	4.65
棠树乡	5.77	50.32	13.18	6.46	1.11	4.02
柏林乡	3.03	77.99	13.93	0.23	1.11	1.25
桃溪镇	1.49	45.49	13.35	0.00	0.56	1.02
庐镇乡	2.40	3.81	0.23	105.98	0.00	6.74
高峰乡	9.43	20.10	5.67	36.29	5.91	5.33
河棚镇	6.97	6.21	1.89	51.71	0.00	6.86
万佛湖镇	8.29	29.77	11.00	7.83	14.10	4.31
阙店乡	8.92	27.61	10.66	6.41	6.63	3.12
汤池镇	11.95	15.31	5.10	101.50	0.17	15.02
春秋乡	9.15	16.57	7.74	27.10	0.00	6.12
干汊河镇	10.97	49.36	10.60	7.77	0.84	2.32
城关镇	9.95	71.10	26.13	3.12	1.45	2.32
南港镇	11.55	27.78	7.11	59.88	0.11	14.06
舒茶镇	7.26	24.59	7.05	30.62	0.28	9.46
百神庙镇	2.52	56.19	8.02	0.62	0.67	0.68
杭埠镇	3.49	49.81	7.16	0.85	3.46	0.85
总计	143.47	705.80	181.90	880.34	46.94	146.45

表 2-2-5　2010 年舒城县各乡镇土地利用类型面积统计　　　　单位：km^2

乡镇	草地	耕地	建设用地	林地	水域	未利用土地
千人桥镇	4.96	53.29	18.05	0.00	2.21	0.91
晓天镇	6.27	8.23	4.71	249.20	0.17	34.94
五显镇	3.36	20.88	5.06	72.32	8.99	9.02
山七镇	4.16	11.07	3.62	98.64	0.11	10.66
张母桥镇	3.25	30.42	11.61	23.48	0.66	5.16
棠树乡	1.99	56.07	12.48	7.05	0.77	2.38
柏林乡	1.88	75.76	18.05	0.06	0.72	0.91
桃溪镇	1.71	42.39	16.67	0.00	0.55	0.51
庐镇乡	2.73	2.10	1.09	104.04	0.00	9.47
高峰乡	4.16	14.70	5.06	40.71	8.60	9.36
河棚镇	4.67	3.75	1.67	51.17	0.17	12.31
万佛湖镇	4.61	34.56	10.64	8.07	14.61	2.55
阙店乡	3.59	31.72	9.66	6.77	7.77	3.63
汤池镇	9.97	14.36	7.59	96.77	0.39	20.19
春秋乡	4.27	19.64	7.36	25.81	0.06	9.53
干汊河镇	6.89	52.21	11.96	7.39	0.61	2.67
城关镇	4.90	72.70	31.74	1.88	1.16	1.59
南港镇	7.06	36.32	7.70	57.31	0.22	11.91
舒茶镇	4.27	28.83	8.97	29.11	0.44	7.66
百神庙镇	2.45	52.21	11.73	0.28	0.99	0.91
杭埠镇	3.13	40.97	17.13	0.00	1.87	2.50
总计	90.28	702.19	222.55	880.06	51.05	158.77

8．制作土地利用专题图

第一步：勾选监督分类后的土地利用数据图层"MLClass2005_Extre1"，然后在ArcMap 菜单栏【视图】中选择【布局视图】，调整地图大小和位置。

第二步：在菜单栏中选择【插入】，依次在图中插入【标题】、【图例】、【比例尺】和【指北针】，得到舒城县 2005 年和 2010 年土地利用专题图如图 2-2-57、图 2-2-58所示。

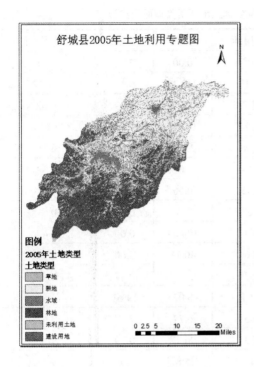

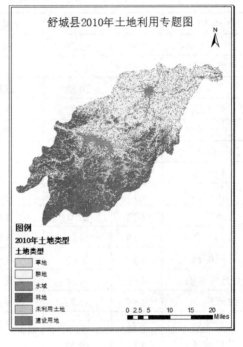

图 2-2-57　舒城县 2005 年土地利用专题图　　图 2-2-58　舒城县 2010 年土地利用专题图

案例实验三

土地规划违法用地提取

一、实验要求

了解 ArcGIS 遥感分类原理；熟悉遥感分类训练样本提取；熟悉遥感监督分类方法；掌握土地规划数据用地类别提取；掌握违法用地核查方法。

二、实验基本背景

随着城镇化进程的加速，城市的土地利用规模日益扩张，农用地资源特别是耕地日益减少，供需矛盾突出，违法违规用地现象时有发生。利用 GIS 和 RS 技术，以 ArcGIS 为平台，通过对用地类别进行动态提取，并与土地利用规划等数据叠加比对，可获取违法用地信息，为土地执法部门提供依据，从而促进土地的合理利用和良性发展。

三、实验内容

基于遥感数据和 GIS 技术，采用监督分类方法进行违规用地的信息提取，从而有效辅助土地规划执法监督。

四、实验数据

本实验数据详见表 2-3-1。

表 2-3-1 实验数据属性

数据	文件名称	格式	说明
1	高分辨率影像图	.tiff	遥感影像
2	地类图斑	.shp	矢量图 DLTB
3	基本农田	.shp	矢量图 JBNT
4	城镇村等用地图版	.shp	矢量图 CZCDYD
5	建筑物规则文件	.rul	Jzw

五、实验主要操作过程及步骤

（1）点击加载数据图标 ✦，选择加载遥感影像.tif。如图 2-3-1 所示。

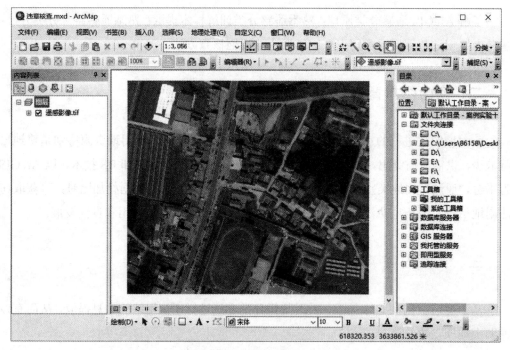

图 2-3-1 加载遥感影像

（2）使用【ArcToolbox】工具箱，选择【Feature Extraction】（要素提取），点选【Extract Feature With Ruleset】，如图 2-3-2、图 2-3-3 所示。

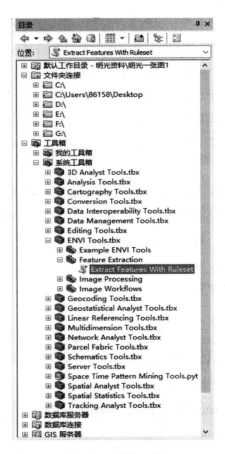

图 2-3-2 选择工具

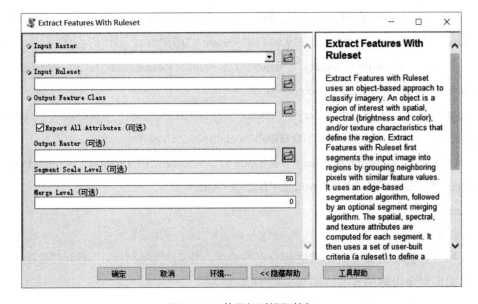

图 2-3-3 基于规则提取特征

（3）分别选择输入栅格影像、规则文件和输出文件。本实验主要提取影像中的建筑物，需要根据建筑物在影像中的特征，采用面向对象的方法设置规则。在规则分类界面，每一个分类由若干个规则（Rule）组成，每一个规则由若干个属性表达式来描述。规则与规则之间是"与"的关系，属性表达式之间是"并"的关系。

同一类地物可以由不同规则来描述，如水体，水体可以是人工池塘、湖泊、河流，也可以是自然湖泊、河流等，描述规则不一样，需要多条规则来描述。每条规则又由若干个属性来描述：

对于水体的描述：面积大于 500 像素，延长线小于 0.5，NDVI 小于 0.25；

对于道路的描述：延长线大于 0.9，紧密度小于 0.3，标准差小于 20。

本实验根据图像特征，对建筑物的规则描述为：

波段光谱均值 Spectral_Mean 大于 130；

矩形化 Rectangular_Fit 大于 0.53；

面积在 15～800 像素；

延长线小于 10。

规则文件可以通过 ENVI 软件采用面向对象分类方法提取特征，生成规则文件。本实验根据实验数据特征，直接提供 .rul 文件。文件内容如下：

```
<? xml version="1.0" encoding="utf-8" standalone="no" ？ >
<classes name="All classes">
<class color="#0000FF" name="New Class 1" threshold="0.88">
<rule weight="1.0">
<attribute algorithm="Linear" band="1" name="Spectral_Mean" operation="between" tolerance="5" value="130.00000，239.04170" weight="0.25"/>
<attribute algorithm="binary" band="0" name="Rectangular_Fit" operation="gt" tolerance="5" value="0.53330" weight="0.25"/>
<attribute algorithm="binary" band="0" name="Area" operation="between" tolerance="5" value="15.00000，800.00000" weight="0.25"/>
<attribute algorithm="binary" band="0" name="Elongation" operation="lt" tolerance="5" value="10.00000" weight="0.25"/></rule>
</class>
</classes>
```

面向对象提取前需要对影像进行分割与合并，分割尺度设为 60，合并尺度设为 90。本实验面向对象提取的设置如图 2-3-4 所示。

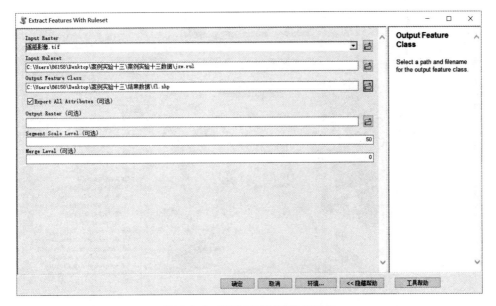

图 2-3-4　基于规则提取特征设置

（4）基于规则提取的建筑物结果如图 2-3-5 所示。

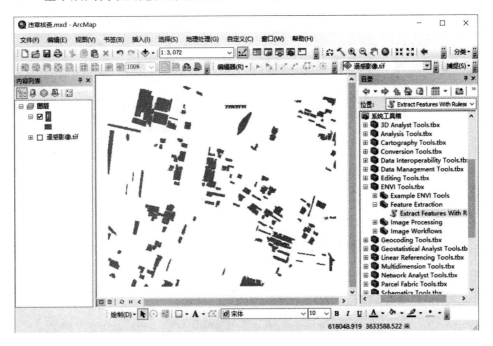

图 2-3-5　提取结果显示

（5）分别加载土地规划图斑、基本农田和城镇村等用地矢量数据，如图 2-3-6 所示，最后与建筑物提取结果作叠加分析。

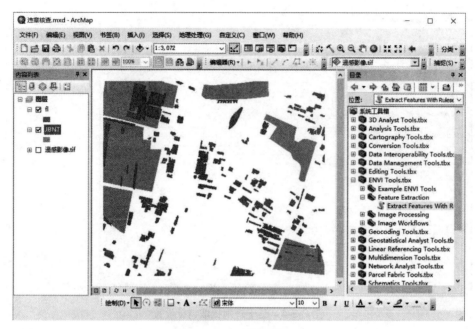

图 2-3-6　矢量数据叠加

图中显示部分建筑物提取图斑位于基本农田内，为疑似违章图斑，需要进一步叠加分析，以便于违章核查。

（6）选择分析工具，点选【叠加分析】中的【相交】，工具窗口如图 2-3-7 所示。

图 2-3-7　相交叠加

分别加载建筑物提取结果和基本农田矢量数据，保存为疑似违章 shp 文件，结果如图 2-3-8 所示。

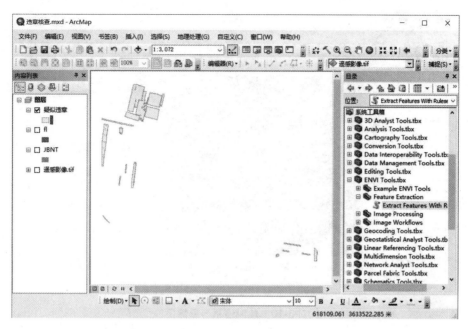

图 2-3-8　疑似违章对象

（7）核查分类误判图斑。与遥感影像进行叠加，采用人工目视核查方法进行筛选，去除误判图斑。将疑似图斑图层符号化设置为空心填充，边界轮廓设置为红色，如图 2-3-9 所示。

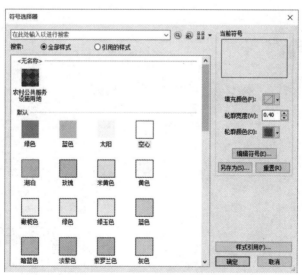

图 2-3-9　疑似违章图层符号化

启动编辑器，删除误判图斑，结果如图 2-3-10 所示。

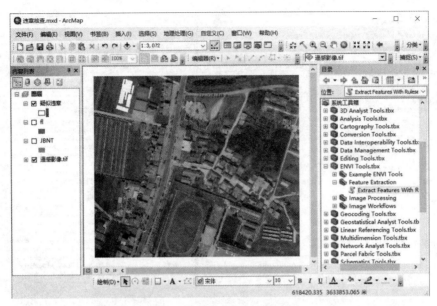

图 2-3-10　疑似违章与影像叠加

　　（8）核查疑似违章图斑。分别与土地规划地类图斑、城镇村等用地图斑进行叠加，采用人工目视核查方法进行筛选。通过比对发现，上述疑似图斑均位于耕地 0103（旱地）图斑内，且不在城镇村等用地范围内，初步认定为违章图斑，如图 2-3-11 中的红色图斑，待进一步实地核查认定。

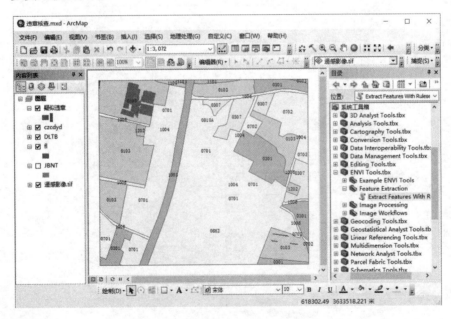

图 2-3-11　违章核查

案例实验四

流域地表范围及河流水系的提取

一、实验要求

理解基于 DEM 数据进行水文分析的基本原理；掌握 ArcGIS 中的水文分析基本方法和步骤；熟练掌握基于 DEM 数据提取河流水系及流域地表范围的具体操作方法。

二、实验基本背景

水文分析是 DEM 数据应用的一个重要方面。而利用 DEM 生成的集水流域和水流网络，成为大多数地表水文分析模型的主要输入数据。水文分析通过建立地表水流模型，研究与地表水流相关的各种自然现象，在空间规划、农林业、交通、水利等领域具有广泛应用。

三、实验内容

流域地表范围及河流水系的提取旨在建立地表水的运动模型，辅助分析地表水流从哪里产生、流向何处，再现水流的流动过程。主要实验内容包括无洼地 DEM 生成、汇流累积量计算、水流长度计算、河网提取及流域分割等。

四、实验数据

本实验数据详见表 2-4-1。

表 2-4-1 本实验数据属性

数据	文件名称	格式	说明
1	DEM 数据	.tif	地形图

五、实验主要操作过程及步骤

1. 无洼地 DEM 生成

DEM 是比较光滑的地形表面模型,但由于 DEM 误差以及一些真实地形或特殊地形的影响,使得 DEM 表面存在一些凹陷的区域。在进行水流方向计算时,由于这些区域的存在,往往得到不合理的甚至错误的结果。因此,在进行水流方向的计算之前,应该首先对原始 DEM 数据进行洼地填充,得到无洼地的 DEM。

洼地填充的基本过程是先利用水流方向数据计算出 DEM 数据中的洼地区域,并计算洼地深度,然后,依据这些洼地深度设定填充阈值进行洼地填充。

(1)原始 DEM 流向分析

水流方向是通过计算中心格网与邻域格网的最大距离权落差确定的,对于每一格网的水流方向指水流离开此网格的指向。距离权落差是指中心栅格与领域栅格的高程差除以两栅格间的距离,栅格间的距离与方向有关。流向判定大都建立在 3×3 的 DEM 格网基础上,有单流向法和多流向法之分。

在 ArcGIS 10.2 中,水流方向采用单流向法中的"D8"算法,"D8"算法是假设单个栅格中的水流只能流入与之相邻的 8 个栅格中。对中心栅格的 1、2、4、8、16、32、64、128 共 8 个邻域栅格编码,如图 2-4-1 所示。栅格中的数值表示每个栅格的流向,其中 1 代表东,2 代表东南,4 代表南,8 代表西南,16 代表西,32 代表西北,64 代表北,128 代表东北。中心栅格的水流方向便可由其中的某一值来确定。例如,若中心栅格的水流方向为向左边 16,距离赋值为 1,则水流方向赋值 16;如果水流方向为 32,则距离赋值为根号 2。

32	64	128
16		1
8	4	2

图 2-4-1 水流流向编码

ArcGIS 中的水流方向计算步骤如下:

第一步:打开 ArcToolbox,选择【Spatial Analyst】—【水文分析】—【流向】,双

击打开流向计算工具，如图 2-4-2 所示。

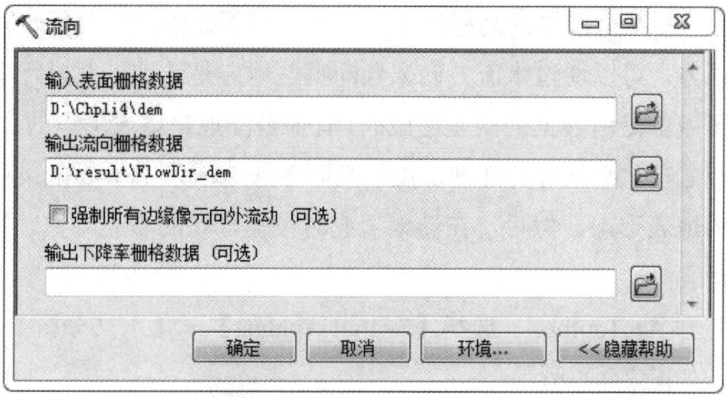

图 2-4-2　【流向】对话框

第二步：设置【输入表面栅格数据】为 D：\chpli4\dem；设置【输出流向栅格数据】的路径及名称为 D：\result\FlowDir_dem。

第三步：若勾选"强制所有边缘像元向外流动（可选）"，指在 DEM 数据边缘的栅格的水流方向全部为流出 DEM 数据区域。

第四步：下降率栅格是指该栅格在其水流方向上与其临近的栅格之间的高程差与距离的比值，以百分比的形式记录，它反映了在整个区域中最大坡降的分布情况；若输入【输出下降率栅格数据（可选）】的保存路径，则会创建一个以百分比形式表示的输出栅格，该栅格显示沿流向的每个像元到像元中心之间的路径长度的高程的最大变化率。

第五步：单击【确定】，完成操作。水流方向结果如图 2-4-3 所示。

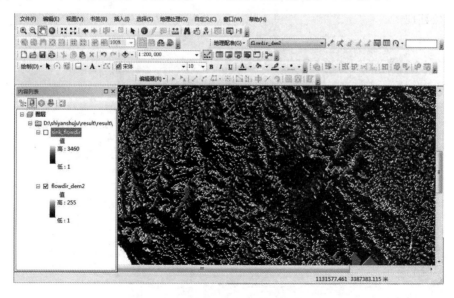

图 2-4-3　利用【流向】工具计算出的水流方向

（2）洼地判定

所谓"洼地"即某个栅格的高程值小于其所有相邻栅格的高程值。洼地区域是水流方向不合理的地方，可以通过水流方向来判断哪些地方是洼地，并进行填充。但是，并非所有的洼地区域都是由数据的误差造成的，有很多洼地是地表形态的真实反映。因此，在进行洼地填充之前，必须计算洼地深度，判断哪些地区是由于数据误差造成的，哪些地区又是真实的地表形态。然后，在洼地填充时设置合理的填充阈值。

①提取洼地。

第一步：打开 ArcToolbox，选择【Spatial Analyst】—【水文分析】—【汇】，双击打开洼地工具，如图 2-4-4 所示。

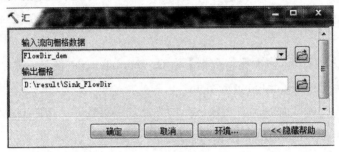

图 2-4-4　【洼地计算】对话框

第二步：设置【输入流向栅格数据】为 FlowDir_dem；设置【输出栅格】数据的路径及名称为 D：\rdsult\Sink_FlowDir。

第三步：单击【确定】，完成操作。计算出的水流方向数据结果如图 2-4-5 所示，深色区域是洼地。

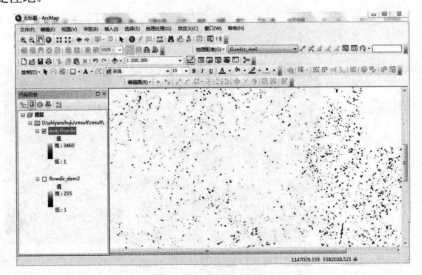

图 2-4-5　计算出来的洼地区域

②洼地深度计算。

第一步：打开 ArcToolbox，选择【Spatial Analyst】—【水文分析】—【分水岭】，双击打开分水岭工具，如图 2-4-6 所示，用来计算洼地的贡献区域。

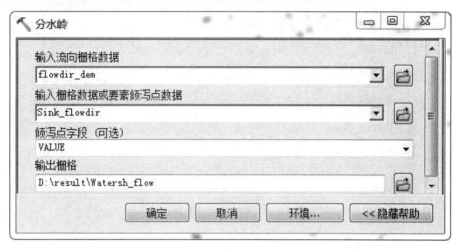

图 2-4-6 洼地贡献区域计算对话框

第二步：设置相关参数：【输入流向栅格数据】为 flowdir_dem；【输入栅格数据或要素倾泻点数据】为 Sink_flowdir；【输出栅格】命名为 Watersh_flow。单击【确定】，完成操作。计算出洼地贡献区域如图 2-4-7 所示。

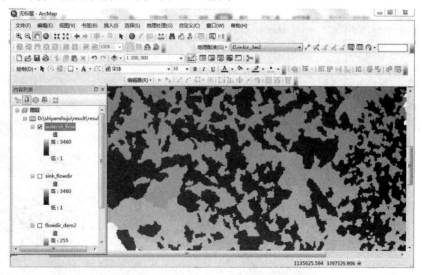

图 2-4-7 计算出来的洼地贡献区域

第三步：计算每个洼地所形成的贡献区域的最低高程。

首先，打开 ArcToolbox，选择【Spatial Analyst】—【区域分析】—【分区统计】，

如图 2-4-8 所示。

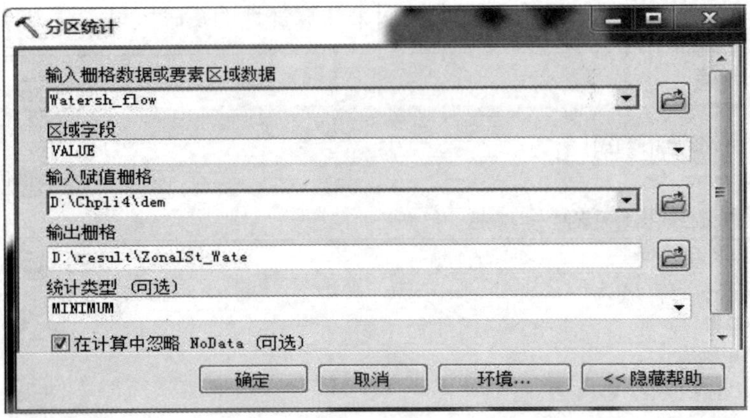

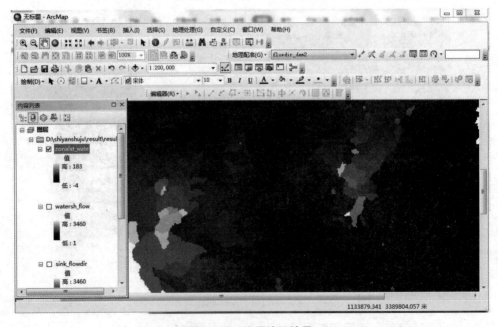

图 2-4-8　【分区统计】对话框

其次，设置相关参数：【输入栅格数据或要素区域数据】为 Watersh_flow；【输入赋值栅格】为 dem；【输出栅格】为 ZonalSt_Wate；【统计类型（可选）】为 MINIMUM（最小值）。

最后，单击【确定】，完成操作，结果如图 2-4-9 所示。

图 2-4-9　分区统计结果

第四步：计算每个洼地贡献区域出口的最低高程即洼地出水口高程。

首先，打开 ArcToolbox，选择【Spatial Analyst】—【区域分析】—【区域填充】，如图 2-4-10 所示。

图 2-4-10　【区域填充】对话框

其次，设置【输入区域栅格数据】为 Watersh_flow；【输入权重栅格数据】为 dem；【输出栅格】为 Zonalmax_Wate。

最后，单击【确定】，完成操作，结果如图 2-4-11 所示。

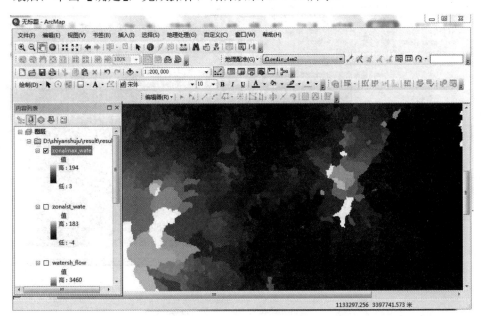

图 2-4-11　区域填充结果

第五步：计算洼地深度。

首先，打开 ArcToolbox，选择【Spatial Analyst】—【地图代数】—【栅格计算器】，双击打开栅格计算器工具，如图 2-4-12 所示。

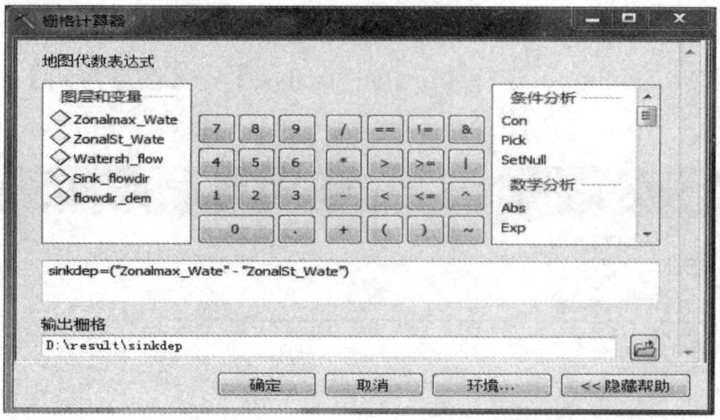

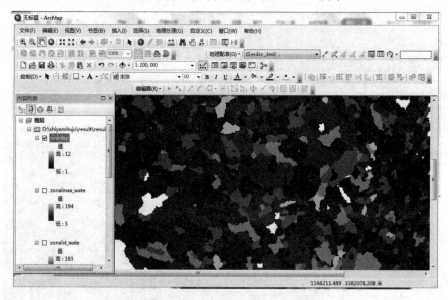

图 2-4-12　【栅格计算器】对话框

其次，在文本框内输入 sinkdep=（"Zonalmax_Wate" - "ZonalSt_Wate"），其中 Zonalmax_Wate、ZonalSt_Wate 可以在地图代数表达式中选取。

再次，【输出栅格】命名为 sinkdep，与文本框中的名称保持一致。

最后，单击【确定】，进行计算，计算结果如图 2-4-13 所示。

图 2-4-13　计算出的洼地深度

通过对研究区地形资料的对比分析，可以确定哪些洼地区域是由数据误差造成的，哪些洼地区域是真实地表形态的反映，从而根据洼地深度来设置合理的填充阈值。

（3）洼地填充

经过洼地提取后，可以确定原始 DEM 上是否存在洼地，若有洼地，须进行填充。而洼地深度的计算为填充阈值的设置提供了依据。

第一步：打开 ArcToolbox，选择【Spatial Analyst】—【水文分析】—【填洼】，双击打开填洼工具，如图 2-4-14 所示。

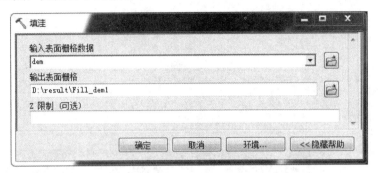

图 2-4-14　【填洼】对话框

第二步：设置参数：【输入表面栅格数据】为 dem；【输出表面栅格】为 Fill_dem1。

【Z 限制】：设置阈值，在洼地填充过程中，那些洼地深度大于阈值的地方将作为真实地形保留，不予填充；系统默认情况是不设阈值，即所有的洼地区域都将被填平。

第三步：单击【确定】，进行计算，计算结果如图 2-4-15 所示。

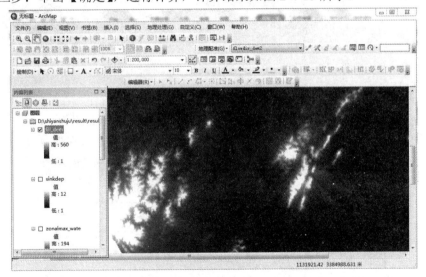

图 2-4-15　经过洼地填充生成的无洼地 DEM

洼地填充是一个不断反复的过程，直到所有的洼地被填平，新的洼地不再产生为止。

2．汇流累积量计算

在地表径流模拟过程中，汇流累积量是基于水流方向数据计算得到的。基本思想是：以规则格网表示的数字地面高程模型每点处有一个单位的水量，按照自然水流从高处流往低处的自然规律，根据区域地形的水流方向数据计算每点处流过的水量数值，便得到该区域的汇流累积量。

第一步：基于无洼地 Fill_dem 生成水流方向图，具体步骤见水流方向提取，结果如图 2-4-16 所示。

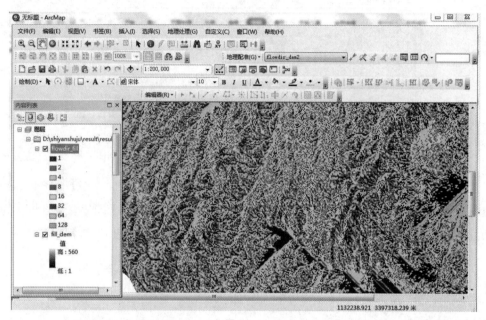

图 2-4-16 无洼地 DEM 生成水流方向

第二步：利用水流方向数据计算汇流累积量。打开 ArcToolbox，选择【Spatial Analyst】—【水文分析】—【流量】，双击打开流量工具，如图 2-4-17 所示。

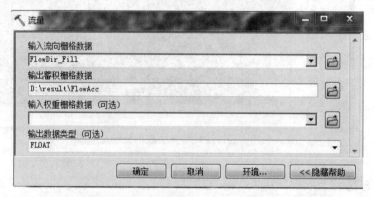

图 2-4-17 汇流累积量计算对话框

第三步：设置【输入流向栅格数据】为 FlowDir_Fill；【输出蓄积栅格数据】为 FlowAcc。

第四步：【输入权重栅格数据】：权重数据一般是考虑到降水、土壤以及植被等对径流影响的因素分布不平衡而得到的，对每一个栅格赋权重能更详细模拟该区域的地表特征。如果无权重数据，系统默认所有栅格的权重为 1。

第五步：单击【确定】，完成操作，计算结果如图 2-4-18 所示。

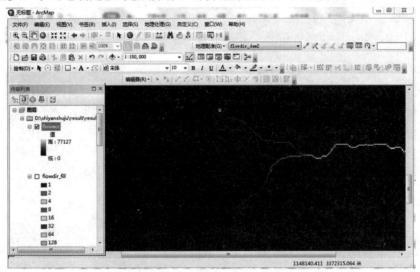

图 2-4-18　通过计算生成的汇流累积量数据

3. 水流长度计算

水流长度指地面上一点沿水流方向到流向起点（或终点）间的最大地面距离在水平面上的投影长度。水流长度的提取和分析在水土保持工作中有很重要的意义。目前，水流长度的提取方式分为顺流计算及溯流计算两种。顺流计算是计算地面上每一点沿水流方向到该点所在流域出水口的最大地面距离的水平投影；溯流计算是计算地面上每一点沿水流方向到其流向起点的最大地面距离的水平投影。

操作步骤如下：

第一步：打开 ArcToolbox，选择【Spatial Analyst】—【水文分析】—【水流长度】，双击打开水流长度工具，如图 2-4-19 所示。

图 2-4-19　【水流长度】的对话框

第二步：设置【输入流向栅格数据】为 FlowDir_Fill；在【输出栅格】中指定保存路径及名称为 FlowLen；【测量方向】选择 DOWNSTREAM（顺流计算）或 UPSTREAM（溯流计算）；【输入权重栅格数据】（可选），含义见上文。

第三步：单击【确定】，完成操作。

顺流计算和溯流计算结果如图 2-4-20 和图 2-4-21 所示。

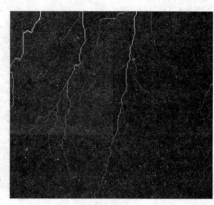

图 2-4-20　顺流计算的水流长度　　　　　图 2-4-21　溯流计算的水流长度

4．河网提取

目前，常用的河网提取方法是采用地表径流漫流模型计算：首先是在无洼地 DEM 上利用最大坡降的方法得到每一个栅格的水流方向，然后利用水流方向栅格数据计算出每个栅格在水流方向上累积的栅格数，即汇流累积量，所得汇流累积量则代表在一个栅格位置上有多少个栅格的水流方向流经该栅格。假设每个栅格处携带一份水流，那么栅格的汇流累积量则代表着该栅格的水流量。基于上述思想，当汇流量达到一定值的时候，就会产生地表水流，那么所有那些汇流量大于临界数值的栅格即为潜在的水流路径，由这些水流路径构成的网络，就是河网。

（1）生成河网

第一步：以汇流累积量数据 flowacc 作为基础数据。打开 ArcToolbox，选择【Spatial Analyst】—【地图代数】—【栅格计算器】，双击打开栅格计算器，如图 2-4-22 所示。

第二步：栅格河网的生成。在栅格计算器文本框中输入：Con（"flowacc" > 1000，1），阈值设为 1 000，汇流量大于阈值的栅格设定为 1，而小于或等于阈值的栅格设定为无数据；【输出栅格】命名为 hewang1，点击【确定】，结果如图 2-4-23 所示。

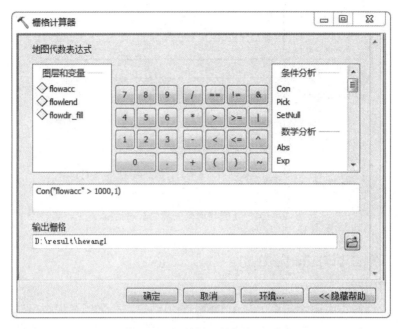

图 2-4-22 【栅格计算器】对话框

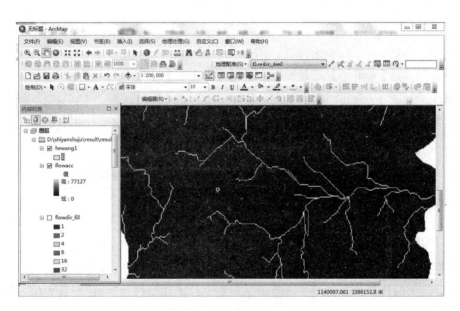

图 2-4-23 栅格河网的生成

第三步：栅格河网矢量化。【栅格河网矢量化】工具主要用于矢量化河流网络或任何其他表示方向已知的栅格线型网络。打开 ArcToolbox，选择【Spatial Analyst】—【水文分析】—【栅格河网矢量化】，双击栅格河网矢量化工具；设置参数：【输入河流栅格数据】为 hewang1；【输入流向栅格数据】为 flowdir_fill；【输出折线要素】为

Stream_hewang。如图 2-4-24 所示。

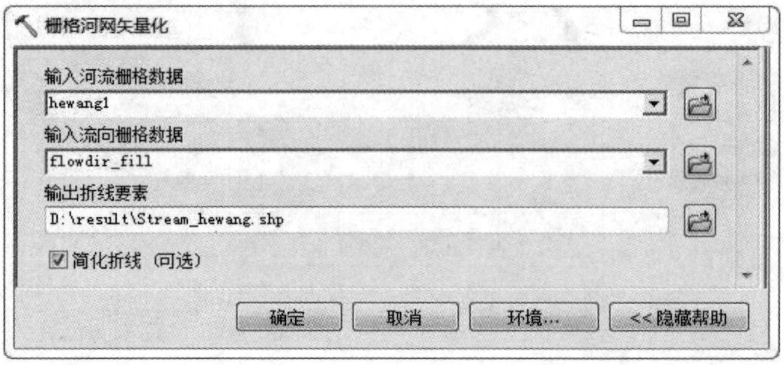

图 2-4-24 【栅格河网矢量化】对话框

第四步：单击【确定】，完成操作。

（2）平滑河网

第一步：伪沟谷的删除，由于基于 DEM 的河网提取是采用最大坡度法，在平地区域的水流方向是随机的，很容易生成平行状的河流等错误形状（伪沟谷），这时需要手工编辑剔除。研究区域边缘很短的沟谷也需要进行删除。

第二步：在 ArcMap 主菜单中单击【自定义】—【工具条】—【编辑器】，加载【编辑器】工具条。

第三步：在【编辑器】工具条中，单击【编辑器】—【开始编辑】，打开【开始编辑】，选中 stream_hewang，单击【确定】按钮，启动【编辑器】。

第四步：在【编辑器】工具条中，单击【编辑器】—【更多编辑工具】—【高级编辑】，加载【高级编辑】工具条，如图 2-4-25 所示。

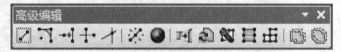

图 2-4-25 【高级编辑】工具条

第五步：在【高级编辑】工具条中，单击平滑按钮，打开【平滑】对话框，输入【允许最大偏移】参数值。参数值由用户指定，本实验选"3"作为最大偏移数，如图 2-4-26 所示。

注意：只有待编辑要素被选中时，【高级编辑】工具才可用。

图 2-4-26 平滑偏移参数设置

第六步：单击【确定】按钮，完成矢量河网的平滑处理，结果如图 2-4-27 所示。

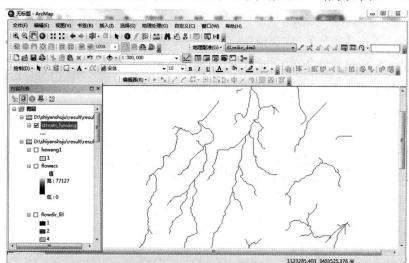

图 2-4-27　矢量河网的平滑处理结果

也可以利用【制图工具】工具箱下的【制图综合】—【平滑线】工具对矢量河流网络进行平滑处理。

（3）生成河流链接

河流链接记录河网中结点之间的连接信息，它主要是记录河网的结构信息，其中每一条弧段连接着两个作为出水点或汇合点的结点，或者连接着作为出水点的节点和河网起始点。提取河流链接可以得到每一个河网弧段的起始点和终止点。同样，也可以得到该汇水区域的出水点，这些出水点对于水量、水土流失等的研究具有重要意义，而且出水点的确定，为进一步的流域分割做好了准备。操作步骤如下：

第一步：在 ArcMap 中加载水流方向数据 flowdir_fill 和栅格河网数据 hewang1。

第二步：打开 ArcToolbox，选择【Spatial Analyst】—【水文分析】—【河流链接】，双击打开河流链接工具，如图 2-4-28 所示。

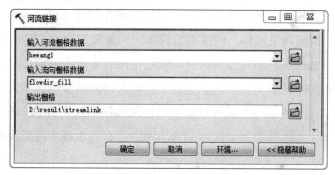

图 2-4-28　【河流链接】对话框

第三步：设置相关参数：【输入河流栅格数据】为 hewang1；【输入流向栅格数据】为 flowdir_fill；【输出栅格】为 Streamlink。

第四步：单击【确定】，完成操作。

河流链接将栅格河网分成不包含汇合点的栅格河网片段，并对片段进行记录，其属性表记录着每个片段所包含的栅格个数，如图 2-4-29 所示。

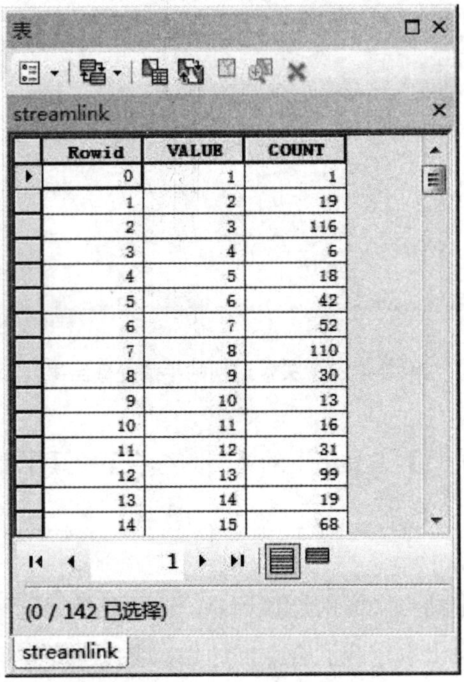
表

streamlink

Rowid	VALUE	COUNT
0	1	1
1	2	19
2	3	116
3	4	6
4	5	18
5	6	42
6	7	52
7	8	110
8	9	30
9	10	13
10	11	16
11	12	31
12	13	99
13	14	19
14	15	68

(0 / 142 已选择)

streamlink

图 2-4-29　河流链接属性表

（4）生成河网分级

不同级别的河网所代表的汇流累积量不同，级别越高，汇流累积量越大，一般是主流，而级别较低的河网一般则是支流。在 ArcGIS 的水文分析中，提供两种常用的河网分级方法：Strahler 分级和 Shreve 分级。Strahler 分级是将所有河网弧段中没有支流的河网弧段定为 1 级，两个 1 级河网弧段汇流成的河网弧段为 2 级，以此类推分为 3 级、4 级、……，一直到河网出水口。同级别的两条河网弧段汇流成一条河网弧段时，该弧段级别才会增加。Shreve 分级是将所有河网弧段中没有支流的河网弧段定为 1 级，对于以后更高级别的河网弧段，其级别的定义是由其汇入河网弧段的级别之和，如一条 2 级河网弧段和一条 3 级河网弧段汇流而成的新的河网弧段的级别为 5，这种河网分级到最后出水口的位置时，河网的级别数刚好是该河网中所有的 1 级河网弧段的个数。河网分级的步骤如下：

第一步：在 ArcMap 中加载水流方向数据 flowdir_fill 和栅格河网数据 hewang1。

第二步：打开 ArcToolbox，选择【Spatial Analyst】—【水文分析】—【河网分级】，双击打开河网分级工具，如图 2-4-30 所示。

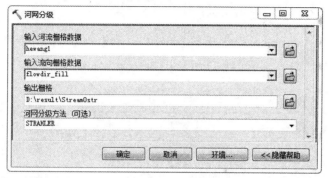

图 2-4-30　【河网分级】对话框

第三步：设置相关参数：【输入河流栅格数据】为 hewang1；【输入流向栅格数据】为 flowdir_fill；分别用 Strahler 分级和 Shreve 分级对河网进行分级。【输出栅格】分别为 streamOstr 和 streamOshr。

第四步：单击【确定】，完成操作。计算结果分别如图 2-4-31 和图 2-4-32 所示。

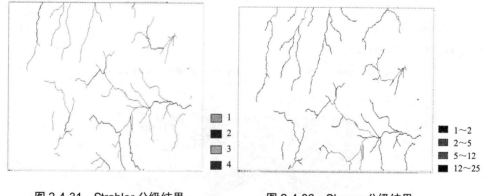

图 2-4-31　Strahler 分级结果　　　　图 2-4-32　Shreve 分级结果

对于河网链接和河网分级计算出的栅格数据同样可以利用【Spatial Analyst】的【水文分析】工具集中的【栅格河网矢量化】工具将其转化为矢量数据。

5. 流域分割

流域（watershed）又称集水区域，是指流经其中的水流和其他物质从一个公共的出水口排出从而形成的一个集中的排水区域。流域可以通过流域盆地（basin）、集水盆地（catchment）来描述。流域数据显示了每个流域汇水面积的大小。

（1）流域盆地的确定

流域盆地是由分水岭分割而成的汇水区域，可利用水流方向确定相互连接并处于同一流域盆地的栅格区域。其提取步骤如下：

第一步：打开 ArcToolbox，选择【Spatial Analyst】—【水文分析】—【盆域分析】，双击打开盆域分析工具，如图 2-4-33 所示。

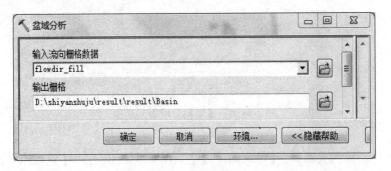

图 2-4-33　【盆域分析】对话框

第二步：设置相关参数：【输入流向栅格数据】为 flowdir_fill；【输出栅格】为 Basin。

第三步：单击【确定】，完成操作。

加载矢量河网数据 stream_hewang，与流域盆地叠加，如图 2-4-34 所示。所有流域盆地的出口都在数据的边界上。

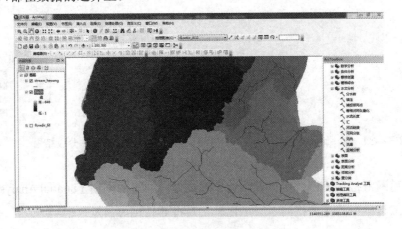

图 2-4-34　计算出的流域盆地

（2）集水盆地的生成

除用流域盆地来描述外，在水文分析中，经常基于更小的流域单元进行分析，这需要对流域进行分割。先确定出水点，然后结合水流方向，分析搜索出该出水点上游所有流过该出水口的栅格，一直搜索到流域的边界（分水岭的位置）。操作步骤如下：

第一步：在 ArcMap 中加载水流方向数据 flowdir_fill 和流域出水口点数据 streamlink。

第二步：打开 ArcToolbox，选择【Spatial Analyst】—【水文分析】—【分水岭】，双击打开分水岭工具，如图 2-4-35 所示。

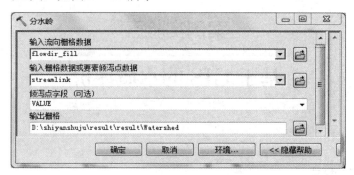

图 2-4-35　【分水岭】对话框

第三步：设置参数：【输入流向栅格数据】为 flowdir_fill；【输入栅格数据或要素倾泻点数据】为 streamlink；【输出栅格】为 Watershed。

第四步：单击【确定】，完成操作。

计算结果如图 2-4-36 所示，以流域盆地和矢量河网的数据作为背景，可以看出，以河流链接作为流域出水口所得到的集水区域是每一条河网弧段的集水区域。

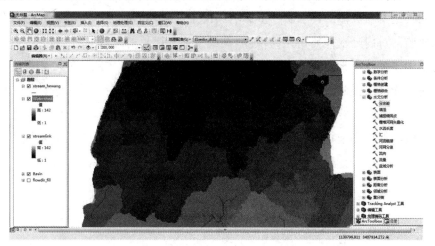

图 2-4-36　集水区域的计算结果

注意：进行水文分析之前必须要进行洼地填充，且洼地填充是一个循环过程，确保最后生成的是无洼地 DEM。河网的生成需要设定阈值，阈值的设定是一个不断试验的过程，最后选出一个合适的阈值。

案例实验五

基于 GIS 的水质评价

一、实验要求

了解基于 GIS 的水体质量评价的基本原理和方法；熟悉 GPS 野外调查数据；熟悉 GPS 点位数据在 ArcGIS 中的坐标设置；掌握水体参数的建模与反演模型；掌握 GIS 水质空间等级划分。

二、实验基本背景

随着水体污染问题的日益严重，水质监测成为社会经济可持续发展必须解决的重大问题，尤其是内陆水体，其水质严重影响国民生产和人们的生活用水。因此，准确、快捷的水质监测对内陆水体显得尤为重要。利用水体光谱反射原理与特性，在 550～580 nm 范围内由于藻类叶绿素和胡萝卜素弱吸收和细胞散射作用形成的反射峰和在 670 nm 处叶绿素对红光波段强烈吸收出现较低的反射率特征（图 2-5-1），可以反演水体的叶绿素浓度，反映出流域污染现状和空间分布特征，对水体污染历史和污染趋势做出研究和预测，为水资源保护和规划以及可持续发展提供动态基础数据和科学决策依据。

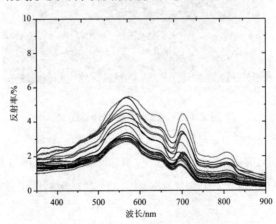

图 2-5-1　不同采样点光谱波段的水体反射率

三、实验内容

利用 ArcMap 软件显示 XY 数据工具导入生成野外调查 GIS 点状数据,并与地图叠加匹配,显示 GPS 野外调查点位;基于 GIS 的水体参数建模与反演、空间等级划分、形成水质参数空间分布专题图的基本原理、方法及步骤。

四、实验数据

本实验数据详见表 2-5-1。

表 2-5-1　实验数据属性

数据	文件名称	格式	说明
1	遥感影像反射率图	.tif	遥感影像
2	GPS 采样点位	.exl	坐标点数据
3	采样点	.txt	采样数据
4	巢湖面状图斑	.shp	面文件
5	遥感影像 Band3	.tif	波段 3
6	遥感影像 Band4	.tif	波段 4

五、实验主要操作过程及步骤

1. GPS 采样点位数据导入

首先准备采样数据,格式为 Excel,如表 2-5-2 所示,其中经纬度为小数形式。

表 2-5-2　采样点分布

编号	经度	纬度	叶绿素浓度/（mg/mL）
1	117.313	31.661	67.65
2	117.315	31.687	123.76
3	117.347	31.704	169.18
4	117.381	31.701	191.37
5	117.431	31.65	182.65
6	117.359	31.657	95.19
7	117.332	31.591	55.17
8	117.351	31.571	53.42

编号	经度	纬度	叶绿素浓度/（mg/mL）
9	117.399	31.551	65.56
10	117.453	31.555	89.76
11	117.482	31.581	数据饱和
12	117.456	31.508	60.47
13	117.499	31.56	114.21
14	117.579	31.573	98.43
15	117.548	31.448	38.65
16	117.565	31.523	47.22
17	117.651	31.586	40.14
18	117.659	31.633	36.61
19	117.689	31.639	85.72
20	117.709	31.542	37.37
21	117.669	31.5	53.16
22	117.735	31.621	36.38
23	117.728	31.577	35.32
24	117.788	31.604	138.25

然后打开 ArcGIS，右击内容列表中的图层，选择【属性】，这样就打开了【数据框属性】，然后点击【坐标系】标签，如图 2-5-2 所示，进入坐标系设置。

图 2-5-2　坐标系选择

按照以下顺序依次点击：【预定义】一【Geographic coordinate System】一【World】一
【GCS_WGS_1984】，再点击【确定】即可，如图 2-5-3 所示。

图 2-5-3 坐标系设置

再选择【添加数据】，在文件目录中找到"采样点.txt"数据文件。如图 2-5-4 所示。

图 2-5-4 添加采样点数据文件

开始添加点：先右击刚刚添加的采样点数据文件，然后选择【显示 XY 数据（X）】，
最后打开【显示 XY 数据】的数据框。如图 2-5-5 所示。

图 2-5-5　使用显示 XY 数据

　　【显示 XY 数据】的数据框中各个选项按照图 2-5-6 所示的选择即可。这里要注意的是下面又有一个坐标系选择：因为采样数据一般借助于 GPS 来获取经纬度，所以坐标系必须为 GCS_WGS_1984。

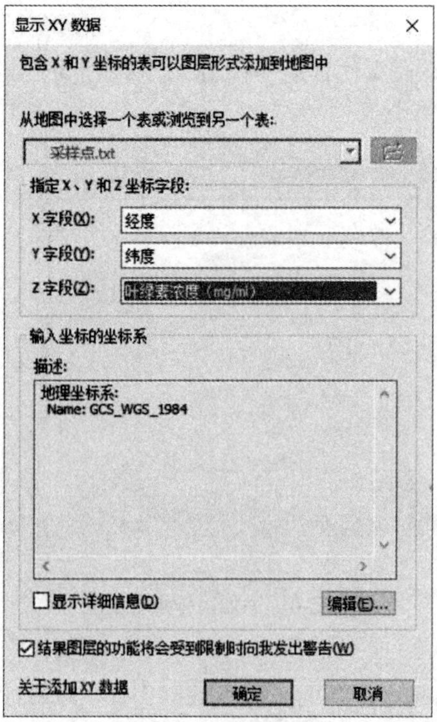

图 2-5-6　设置字段

若要生成 Shape 图层文件，则需要将数据导出，操作为：点击添加进来的采样点文件，如图 2-5-7 所示，然后右键选择【数据】—【导出数据】，如图 2-5-8 所示。

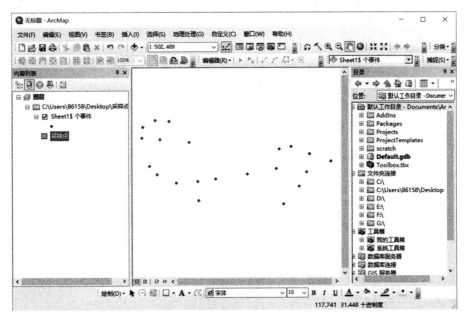

图 2-5-7　生成点文件

图 2-5-8　导出 Shape 文件

最后点击【确定】保存，输出要素类为 Shape 文件，并加载显示，如图 2-5-9 所示。

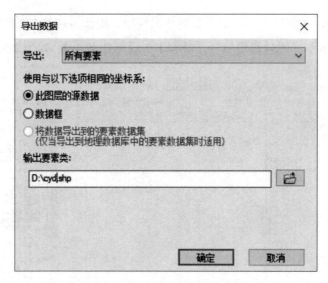

图 2-5-9　保存 Shape 文件

　　结合实地调查数据，将水面采样点与实测叶绿素浓度在空间上建立对应关系。实地调查数据包括水面调查点的经纬度和叶绿素含量。

　　采样点分布如图 2-5-10 所示。

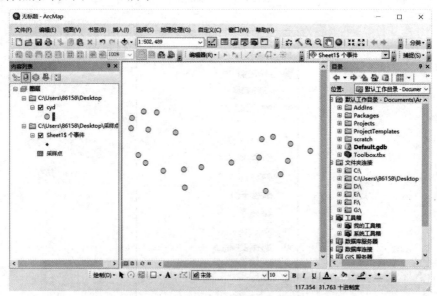

图 2-5-10　加载 Shape 文件

2．获取采样点对应遥感影像的反射率数据

加载"巢湖影像反射率.tif"、Band3、Band4、面状图斑和采样点位数据，如图 2-5-11

所示。

图 2-5-11　加载影像文件

打开【Arctoolbox】，点击空间分析工具中的【栅格计算器】，如图 2-5-12 所示。然后在【图层和变量】框中选择第 3、4 波段为对应的 Band3、Band4，表达式输入 "Band4.tif" / "Band3.tif"，设置输出路径和文件名，如图 2-5-12 所示，单击【确定】，得到比值图像，如图 2-5-13 所示。

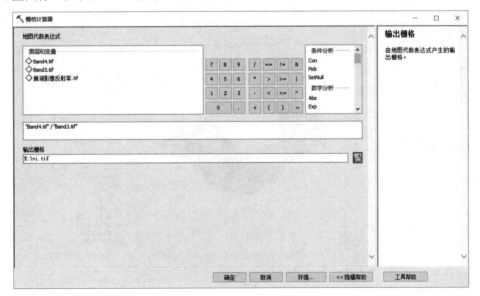

图 2-5-12　加载栅格计算器

图 2-5-13　生成比值图像

利用【Arctoolbox】，点击空间分析工具的【提取分析】中的【值提取至点】，将水面调查点对应的波段像元值（VI）导出来。首先加载点文件和需要提取 VI 值的栅格数据文件，如图 2-5-14 所示。然后设置输入点要素和栅格要素，并设置输出文件，如图 2-5-15 所示。

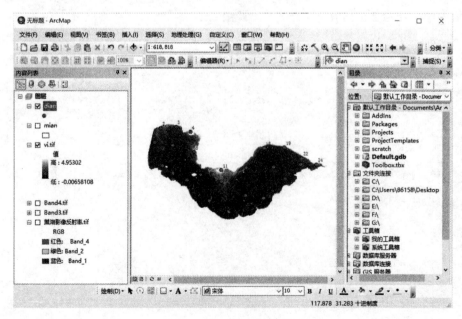

图 2-5-14　加载点文件

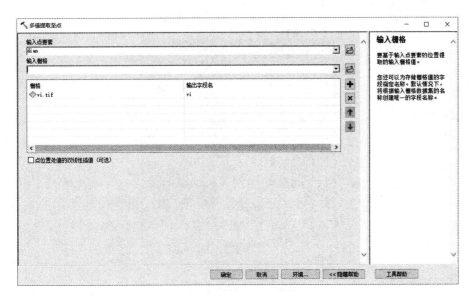

图 2-5-15 多值提取至点

栅格值提取的结果如图 2-5-16 所示。

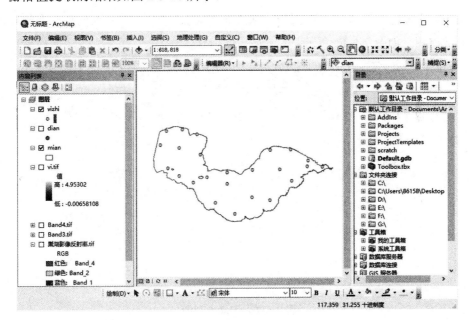

图 2-5-16 提取结果

打开"vizhi.shp"的属性表，查看采样点对应的 VI 值，如图 2-5-17 所示，并在属性表中选择表选项下拉菜单，导出属性表的.dbf 文件，利用 Excel 打开该文件进行下一步分析。

图 2-5-17　栅格值显示

3．模型参数反演

在 Excel 中选中 Rastervalue 值与叶绿素 a 实测值，由于 11 号点位数据饱和，删除后绘制散点图，如图 2-5-18 所示。

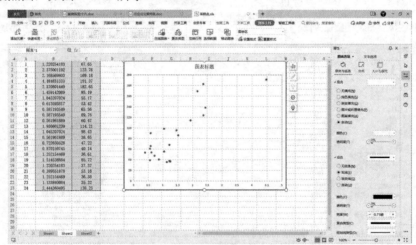

图 2-5-18　Excel 制图

选中散点图，单击添加元素中的【趋势线】，选择【线性】。在图表上点右键，打开设置绘图区格式，显示公式、显示 R^2 值，并修改图标标题。线性回归方程和 R^2 值在散点图上显示，得到反演模型为：$y = 43.309x + 23.389$，$R^2=0.674\,9$，如图 2-5-19 所示。

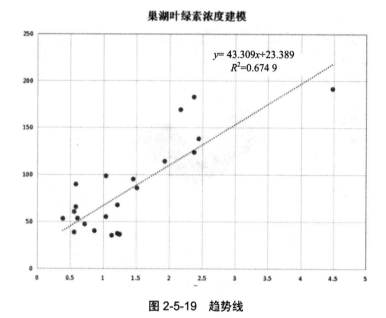

图 2-5-19 趋势线

4．叶绿素反演

以叶绿素 a 浓度和遥感参数之间的统计关系为基础来实现对水体叶绿素 a 浓度的遥感反演，是目前一种较为广泛的叶绿素 a 浓度反演方法。打开【Arctoolbox】，点击空间分析工具中的【栅格计算器】，选择第 3、4 波段为对应的 vi.tif，表达式输入 ""vi.tif" * 43.309 + 23.389"，设置输出路径和文件名，如图 2-5-20 所示，单击【确定】，计算得到叶绿素反演图，如图 2-5-21 所示。

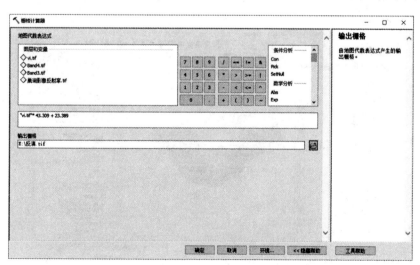

图 2-5-20 叶绿素反演表达式

图 2-5-21　叶绿素反演结果

5．反演结果验证与结果输出

将验证点对应的叶绿素反演值导出来，与验证点的实测值在 Excel 表中一一对应。利用 Excel 的计算功能计算反演结果和实测结果的代数差，该值占实测值的±30%，即认为反演的误差在允许范围之内。

将得到的叶绿素反演图在 ArcMap 中符号化，如图 2-5-22 所示，将分析结果分成 5 个等级，分别为轻度污染、较轻污染、中等污染、较重污染和重度污染 5 个级别，符号化后如图 2-5-23 所示。

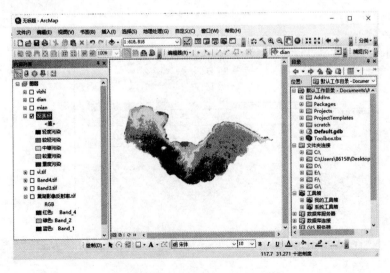

图 2-5-22　叶绿素反演结果符号化

图 2-5-23 叶绿素反演结果制图

最后进行专题地图制作，生成水质分级评价专题地图，如图 2-5-24 所示。

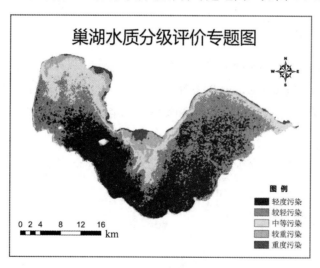

图 2-5-24 叶绿素反演专题图

案例实验六

模型生成器建模与空间选址分析

一、实验要求

了解可视化建模工具模型构建器（ModelBuilder）的界面、功能、使用方法以及建模过程；掌握创建 ModelBuilder 的一般过程；熟练掌握基于 ModelBuilder 的空间分析应用问题的解决方法。

二、实验基本背景

ModelBuilder 是 ArcGIS 的重要组成部分之一，是一个创建、编辑、管理模型和模型工具的应用程序。ModelBuilder 的界面如图 2-6-1 所示，其中包含主菜单、工具条及快捷菜单。工具条包含添加数据、连接和运行等功能。

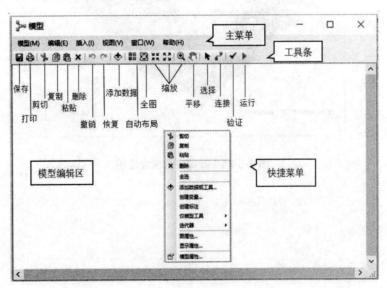

图 2-6-1　ModelBuilder 的界面介绍

ModelBuilder 的建模过程依次包括：添加变量、添加空间处理工具、添加连接、设置参数、运行模型、保存与输出模型、完成自动建模。它以流程图的形式表示，建立模型的过程主要以拖动的方式，将所需工具拖到模型编辑区，然后按照操作步骤将工具与数据集连接起来，即可生成模型图，点击验证、运行之后可完成复杂的 GIS 操作，从而完成批量处理和自动化分析。

ModelBuilder 可以将工具和数据按照流程自动进行地理处理，也可以批量处理地理数据。它能够将建立的模型转化为工具，以便输入不同图层自动执行相同的操作，还可以通过 ArcGIS 实现模型工具的重复使用。

三、实验内容

以合肥市蜀山区部分区域为例，利用 ModelBuilder 建立模型，按照要求批量生成缓冲区，对缓冲区进行叠加分析，选择合适的购房地址。所寻求的购房地址要求主要包括：噪声要小、距离商场和中小学要近、远离工厂等。综合上述要求，给定相应的定量条件如下：

①距离主要市区交通要道（ST 为道路类型中的主要交通要道）200 m 之外，主要为减少交通要道车流的噪声影响。

②距离主要工厂 500 m 之外，防止受到工厂污染及噪声影响。

③距离中小学校 750 m 之内，以便于孩子上学。

④距离商场 800 m 之内，方便人们日常生活。

四、实验数据

本实验数据详见表 2-6-1。

表 2-6-1　本实验数据属性

数据	文件名称	格式说明	说明
1	道路	.shp	交通网络图
2	商场	.shp	商场分布图
3	工厂	.shp	主要工厂分布图
4	学校	.shp	中小学分布图
5	河流	.shp	河流分布图
6	city	.mxd	加载以上数据的初始地图文档

五、实验主要操作过程及步骤

首先在工具箱中建立模型，按照要求在模型中分别生成主干道噪声缓冲区、工厂的影响范围、中小学校的影响范围和商场的影响范围；然后将学校的影响范围和商场的影响范围相交，求出同时满足这两个条件的区域。其次将河流、主干道噪声缓冲区和工厂的影响范围联合叠加，获得不满足条件的区域，在相交的区域内擦除不满足条件的区域，确定地区的购房选址。最后将模型转化为工具箱中的工具，以便在今后使用中输入不同图层即可自动执行分析。

1. 新建工具箱

打开 ArcMap，在右侧【目录】位置，找到【工具箱】，右击【我的工具箱】，选择【新建】—【工具箱】，将其改名为"购房选址"，如图 2-6-2 所示，右击【购房选址】工具箱，选择【新建】—【模型】，如图 2-6-3 所示。

图 2-6-2　新建工具箱　　　　　　　　　图 2-6-3　新建模型

2. 建立主干道噪声缓冲区

第一步：打开 ArcMap，加载 "city.mxd" 文件（位于 "…\实验数据\Chp6"），把五个要素类 "交通网络图""商场分布图""主要工厂分布图""中小学分布图" 和 "河流分布图" 加载到 ArcMap，在内容列表可以看到，如图 2-6-4 所示。

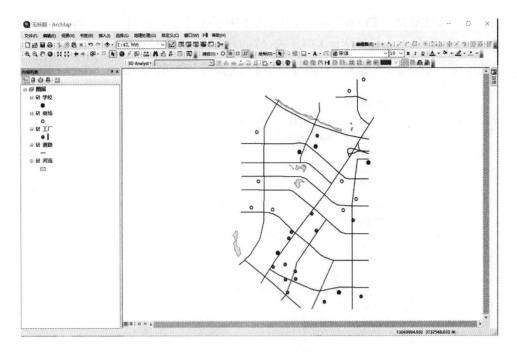

图 2-6-4　加载数据

第二步：选择"道路.shp"，打开图层的属性表，如图 2-6-5 所示。

FID	Shape *	Id	名称	TYPE
18	折线	0		
19	折线	0	翠微路	
12	折线	0	丹霞路	
3	折线	0	繁华大道	ST
9	折线	0	翡翠路	ST
11	折线	0	芙蓉路	
14	折线	0	耕耘路	
0	折线	0	合肥绕城	ST
4	折线	0	金寨路1	ST
5	折线	0	金寨路2	ST
6	折线	0	金寨路3	ST
2	折线	0	金寨南路	ST
1	折线	0	锦绣大道	ST
10	折线	0	莲花路	
13	折线	0	蓬莱路	
7	折线	0	潜山路	ST
16	折线	0	青翠路	
17	折线	0	青龙潭路	
15	折线	0	石门路	
8	折线	0	习友路	ST

图 2-6-5　道路图层属性表

在左上角点击【表选项】，在菜单中选择【按属性选择】，在弹出的【按属性选择】

对话框中，左边选择"TYPE"双击将其添加到对话框下面，点击"="，再点击获得唯一值，将 TYPE 的全部属性值加入到上面的列表框中，然后双击"ST"属性值，添加到对话框下面，如图 2-6-6 所示。点击【应用】，选择出主要道路，如图 2-6-7 所示。

图 2-6-6　【按属性选择】对话框

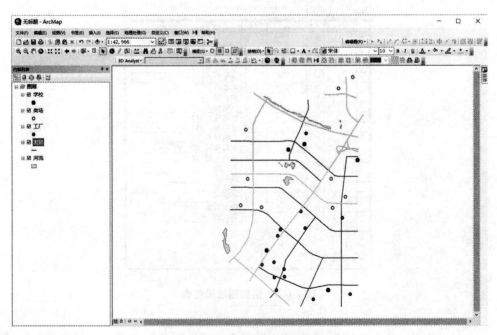

图 2-6-7　选择市区主要道路

第三步：在【目录】—【我的工具箱】—【购房选址】中找到新建的模型，右击新建的【模型】，选择【编辑】，出现模型编辑的窗口，如图 2-6-8 所示。

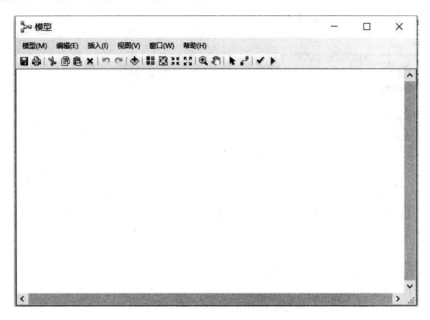

图 2-6-8　模型编辑窗口

打开【ArcToolbox】，选择【分析工具】—【邻域分析】，将【缓冲区】工具拖拽至模型编辑窗口中，如图 2-6-9 所示。

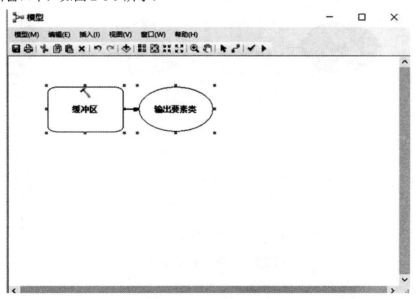

图 2-6-9　缓冲区拖拽至模型

右击缓冲区，选择【打开】，【输入要素】为"道路"，设置缓冲【距离】为200 m，【输出要素类】为"道路_Buffer"，如图2-6-10所示，点击【确定】，结果如图2-6-11所示，将图层要素与工具连接起来。

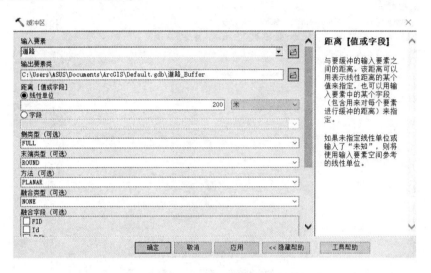

图 2-6-10　主干道噪声缓冲区设置

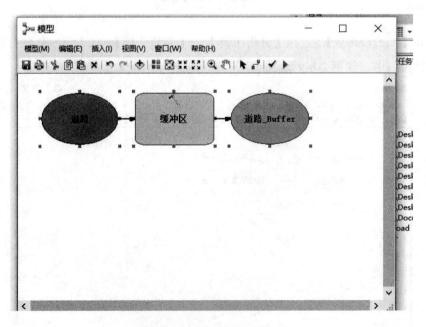

图 2-6-11　模型中生成缓冲区

点击模型中的运行按钮 ▶ ，运行模型，结果如图2-6-12所示。

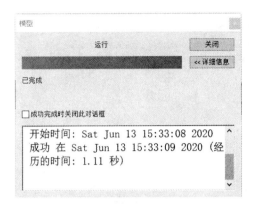

图 2-6-12　运行模型

　　运行成功后点击【关闭】，右击模型中的"道路_Buffer"，选择【添加至显示】，如图 2-6-13 所示。即可在 ArcMap 中显示生成的主干道噪声缓冲区，如图 2-6-14 所示。

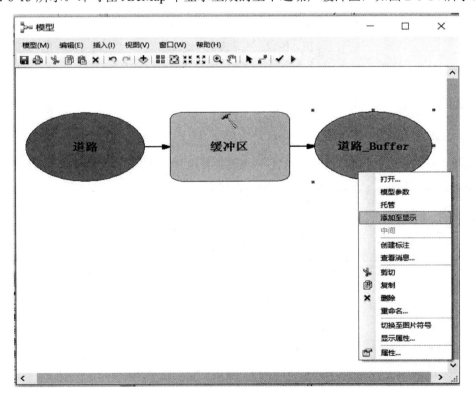

图 2-6-13　将要素添加至显示

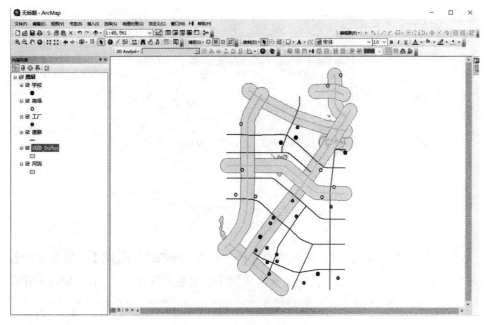

图 2-6-14　主干道噪声缓冲区

3．建立工厂的影响范围

同样在【ArcToolbox】，选择【分析工具】—【邻域分析】，将【缓冲区】工具拖拽至模型中，右击打开缓冲区对话框，【输入要素】选择"工厂"，【输出要素类】为"工厂_Buffer"，缓冲距离设为 500 m，如图 2-6-15 所示。

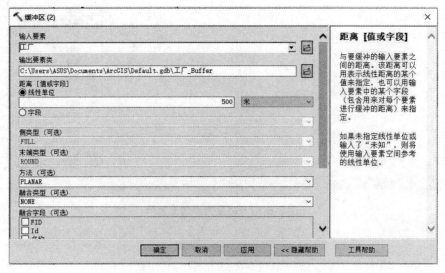

图 2-6-15　工厂的影响范围缓冲区设置

点击【确定】，运行成功之后同样选择【添加至显示】，在 ArcMap 中显示工厂的影响范围缓冲区，如图 2-6-16 所示。

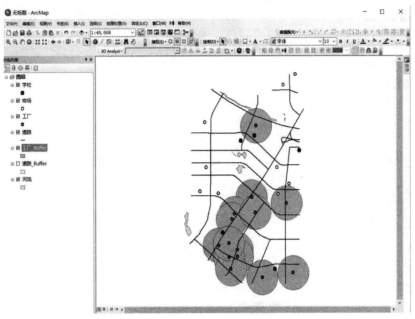

图 2-6-16　工厂的影响范围缓冲区

4．建立中小学校的影响范围

在【ArcToolbox】，选择【分析工具】—【邻域分析】，将【缓冲区】工具拖拽至模型中，右击打开缓冲区对话框，【输入要素】选择"学校"，【输出要素类】为"学校_Buffer"，设置【距离】为 750m，如图 2-6-17 所示。

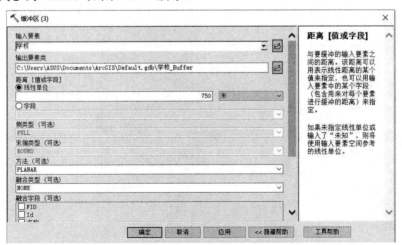

图 2-6-17　中小学校的影响范围缓冲区设置

点击【确定】，运行成功之后选择【添加至显示】，所得中小学校的影响范围缓冲区如图 2-6-18 所示。

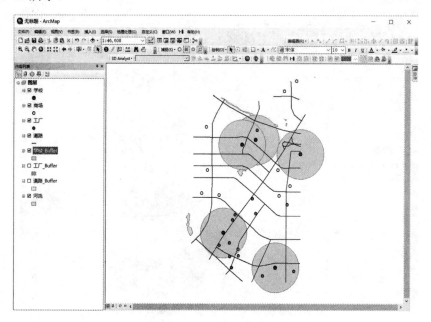

图 2-6-18　中小学校的影响范围缓冲区

5．建立商场的影响范围

在【ArcToolbox】，选择【分析工具】，选择【邻域分析】，将【缓冲区】工具拖拽至模型中，右击打开缓冲区对话框，【输入要素】选择"商场"，【输出要素类】为"商场_Buffer"，设置缓冲【距离】为 800 m，如图 2-6-19 所示。

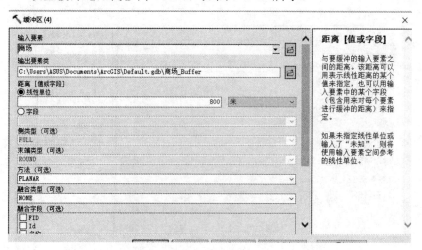

图 2-6-19　商场的影响范围缓冲区设置

点击【确定】，运行成功之后选择【添加至显示】，所得商场的影响范围缓冲区如图 2-6-20 所示。

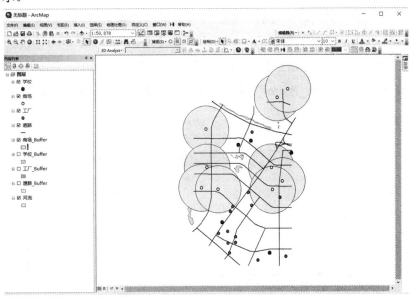

图 2-6-20 商场的影响范围缓冲区

最终建立的各个缓冲区模型如图 2-6-21 所示。

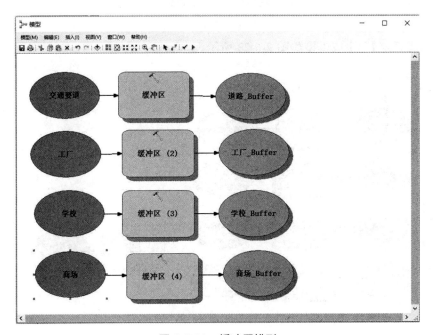

图 2-6-21 缓冲区模型

6．叠加分析

第一步：相交分析。对学校的影响范围和商场的影响范围两个缓冲区图层进行相交操作，将同时满足这两个条件的区域求出。在【ArcToolbox】中，依次选择【分析工具】—【叠加分析】—【相交】，将【相交】工具拖拽至模型中，右击打开，【输入要素】："学校_Buffer""商场_Buffer"，【输出要素类】为"Buffer_Intersect"，如图 2-6-22所示。

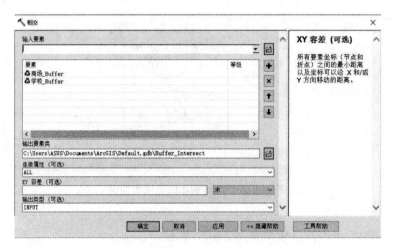

图 2-6-22　相交设置

点击【确定】，生成模型如图 2-6-23 所示。

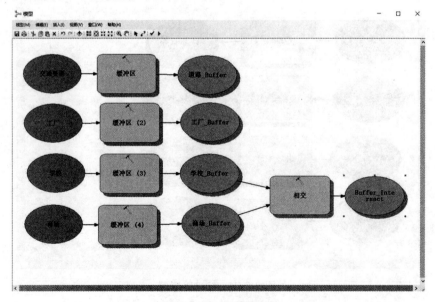

图 2-6-23　相交模型

点击运行，成功后添加至显示，获得同时满足两个条件的交集区域，如图 2-6-24 所示。

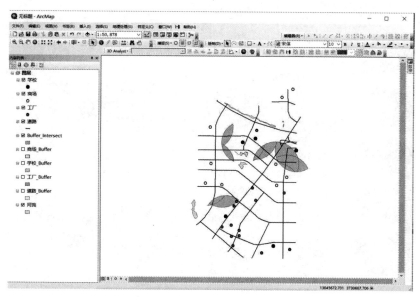

图 2-6-24　交集区域

第二步：联合分析。对河流、主干道噪声缓冲区和工厂的影响范围三个缓冲区图层进行联合操作，将三个区域叠加，获得不满足购房选址条件的区域。在【ArcToolbox】中，依次选择【分析工具】—【叠加分析】—【联合】，将【联合】工具拖拽至模型中，右击打开，【输入要素】为"道路_Buffer""河流""工厂_Buffer"，【输出要素类】为"Union"，如图 2-6-25 所示。

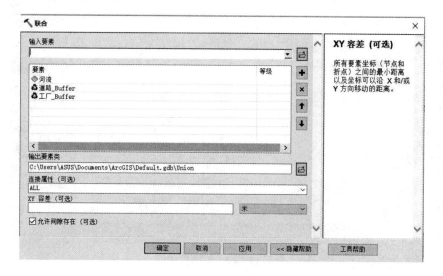

图 2-6-25　联合设置

点击【确定】，生成模型如图 2-6-26 所示。

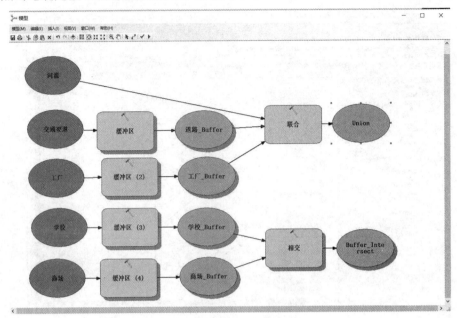

图 2-6-26 联合模型

点击运行，成功后添加至显示，获得三个区域的并集，如图 2-6-27 所示。

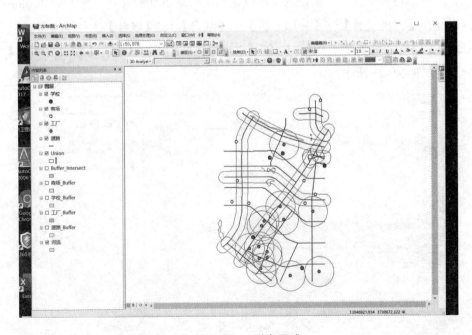

图 2-6-27 联合区域

第三步：擦除。利用联合区域对获得的两个区域的交集进行图层擦除操作，去除河流、主干道噪声缓冲区以及工厂的影响区域。在【ArcToolbox】中，依次选择【分析工具】—【叠加分析】—【擦除】，将【擦除】工具拖拽至模型中，右击打开，【输入要素】为"Buffer_Intersect"，【擦除要素】为"Union"，【输出要素类】为"Erase1"，如图 2-6-28所示。

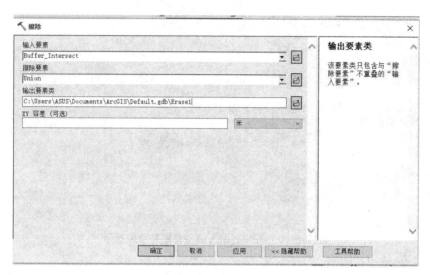

图 2-6-28　擦除设置

生成模型如图 2-6-29 所示。

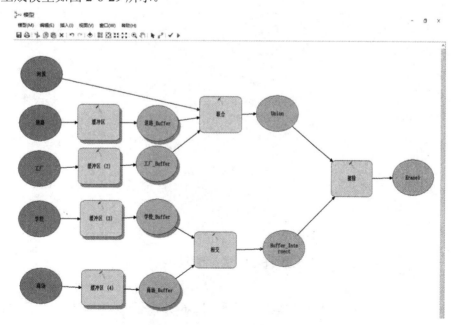

图 2-6-29　最终模型

右击模型中的"Erase1"，选中【模型参数】以及【添加至显示】，如图 2-6-30 所示。

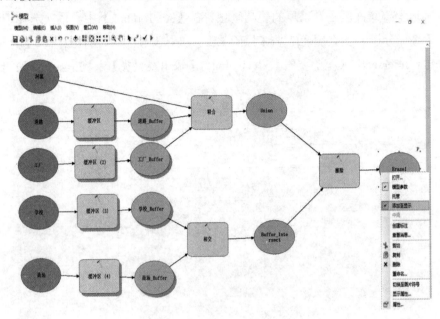

图 2-6-30　将图层设为模型参数并添加显示

对模型进行保存，然后关闭模型编辑窗口，在工具箱中找到【购房选址】工具箱，双击【模型】，出现如图 2-6-31 所示模型工具对话框，点击【确定】。

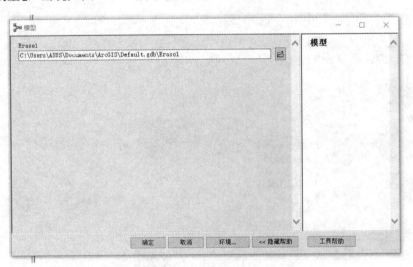

图 2-6-31　添加模型参数

运行成功之后，在 ArcMap 中显示结果如图 2-6-32 所示，获得同时满足五个条件的区域即为购房者的最佳选择区域。

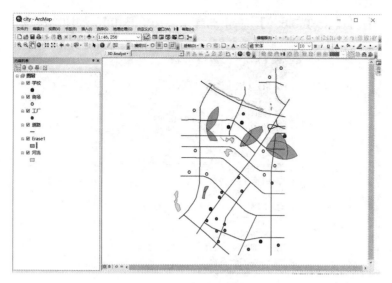

图 2-6-32　最佳选址区域

　　"Erase1"图层显示的区域即为购房者的最佳选择区域。在下次使用模型时，双击模型，在模型工具对话框中设置模型参数，即可生成最佳选择区域。

7．将模型转化为工具

　　第一步：再次打开模型编辑窗口，依次右击模型中输入端的要素，如"河流"，选择【模型参数】，并且重命名为"联合要素"，其余重命名为"缓冲要素"；输出端重命名为"最佳选址"，如图 2-6-33 所示。然后保存模型，关闭模型编辑窗口。

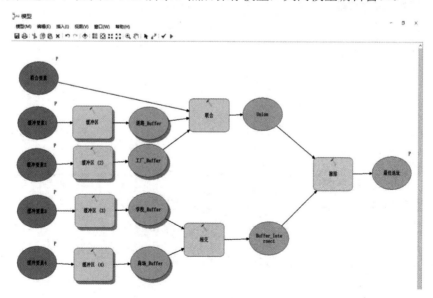

图 2-6-33　将输入输出端要素设为模型参数并重命名

第二步：打开【ArcToolbox】，右击选择【添加工具箱】，如图 2-6-34 所示。

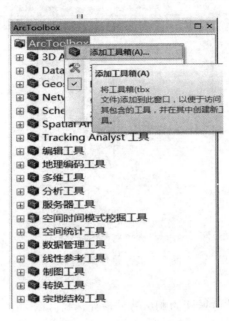

图 2-6-34 打开添加工具箱

出现对话框如图 2-6-35 所示，添加【我的工具箱】中的【购房选址】，点击【打开】。

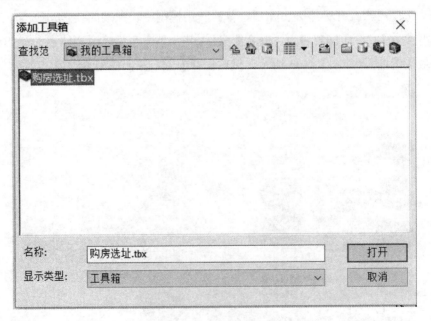

图 2-6-35 添加工具箱

将【购房选址】工具箱添加到【ArcToolbox】中，如图 2-6-36 所示。

图 2-6-36　购房选址添加至 ArcToolbox

　　当需要对某一地区批量进行缓冲区分析并叠加、完成选址操作时，选择【购房选址】—【模型】，修改"最佳选址"的输出名称，输入相应的联合要素和缓冲要素图层即可，如图 2-6-37 所示。

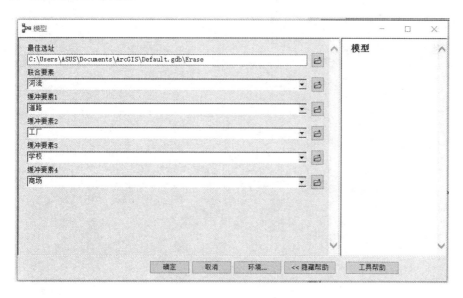

图 2-6-37　添加模型参数

　　点击【确定】，可以得到地区的最佳选址，如图 2-6-38 所示。

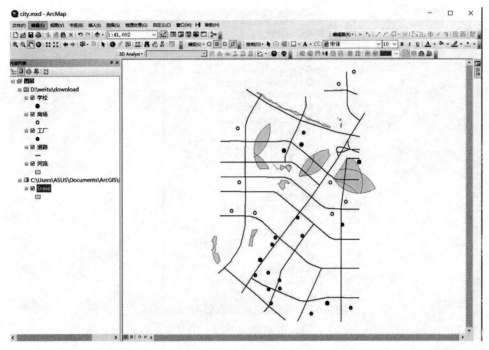

图 2-6-38　地区最佳选址

案例实验七

社会经济指标的空间化及综合评价

一、实验要求

了解对社会经济指标进行空间化分析和综合评价的基本方法和步骤；掌握空间插值的含义和分类，学会利用空间插值方法对数据进行空间分析；熟练掌握基于重分类操作将数据分为不同级别的方法，以及基于栅格计算器的栅格数据叠加分析的操作方法。

二、实验基本背景

社会经济指标数据是国家最基础的信息资源之一，是对国民经济进行宏观调控的依据，为了增强社会经济指标的应用效率，体现不同地区的发展特点和差异，对不同区域的社会经济指标数据进行空间可视化及空间统计等分析处理有利于我们了解社会经济发展的空间差异性，并为空间调控与优化提供实践依据。

空间插值是对地理数据进行空间分析的常用方法之一，用于将离散点的测量数据转换为空间连续的曲面数据，以便与其他空间现象的分布模式进行比较。常用的空间插值方法有反距离加权法（IDW）、克里金法等。反距离加权法具有运算速度快、插值效率高且结果具有一定直观性的特点，但其外推能力比较弱，而且还会由于极值的原因造成"牛眼"现象，从而对插值结果的精确性产生一定的影响。当采样点足够密时，IDW 插值法可以取得良好效果。使用空间插值能够将统计数据转化为空间数据，有利于直观地在空间上显示数据的空间差异等信息，从而对空间数据的分布进行综合评价分析。本次实验选取 IDW 插值法进行社会经济数据空间化示例。

三、实验内容

利用已有社会经济指标数据进行空间插值，由统计数据形成空间数据，然后分成不同级别，最后利用栅格计算器完成不同指标数据的叠加计算，进行综合评价分析。

①在矢量图层中连接社会经济指标数据。

②对社会经济指标数据进行空间插值并分级。

③社会经济指标数据叠加。

④对社会经济指标数据进行综合评价分析。

四、实验数据

本实验数据详见表 2-7-1。

表 2-7-1　本实验数据属性

数据	文件名称	格式	说明
1	大别山区经济数据	.csv	社会经济指标数据（来源于《中国县域统计年鉴》）
2	大别山区县边界矢量图	.shp	县边界矢量图

五、实验主要操作过程及步骤

选取大别山区地区生产总值、第一产业增加值、第二产业增加值、公共财政收入、规模以上企业单位数、固定资产投资数据进行空间插值分析，然后将不同指标的空间数据进行叠加，对大别山区社会经济进行综合评价分析。

1．在矢量图层中连接社会经济指标数据

第一步：启动 ArcGIS，加载大别山区县边界矢量图：babie_xianbianjie NEW（位于"…\实验数据\Chp7"），如图 2-7-1 所示。

第二步：连接大别山区社会经济指标数据。右击大别山区县边界矢量图层，点击【连接和关联】，选择【连接】。

【选择该图层中连接将基于的字段】为"Mincheng"，【选择要连接到此图层的表，或者从磁盘加载表】为大别山区经济数据："经济数据.csv"，【选择此表中要作为连接基础的字段】为"Mincheng"，【连接选项】选择【保留所有记录】，如图 2-7-2 所示。

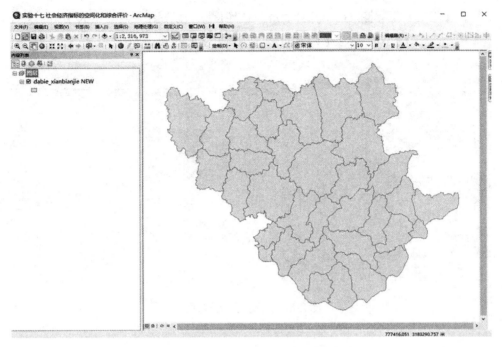

图 2-7-1 大别山区县边界矢量图

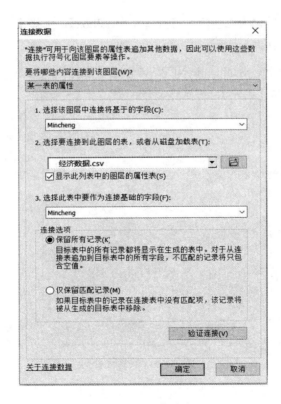

图 2-7-2 连接数据窗口

点击【确定】即可将大别山社会经济数据连接到矢量图中。可右击大别山区县边界矢量图层，点击【打开属性表】进行查看，如图 2-7-3 所示。

图 2-7-3　显示已连接数据

2．对社会经济指标数据进行空间插值并分级

第一步：面要素转化为点要素。打开【ArcToolbox】，选择【数据管理工具】，选择【要素】，点击【要素转点】。

【输入要素】为"dabie_xianbianjie NEW"，【输出要素类】为"dabie_xianbianjie_Feature"，如图 2-7-4 所示，点击【确定】，得到点要素，如图 2-7-5 所示。

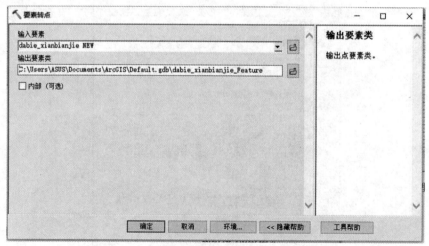

图 2-7-4　要素转点

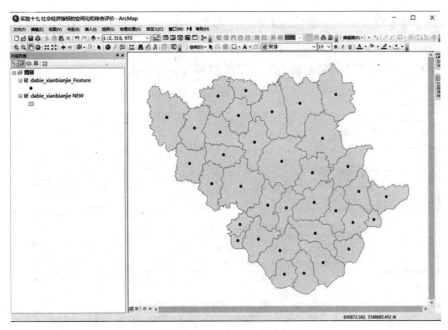

图 2-7-5 点要素

第二步：对大别山区地区生产总值数据进行空间插值。在【ArcToolbox】中选择【Spatial Analyst】，再选择【插值分析】，点击【反距离权重法】，输入点要素，【Z 值字段】选择大别山区地区生产总值数据，如图 2-7-6 所示，并进行环境设置。

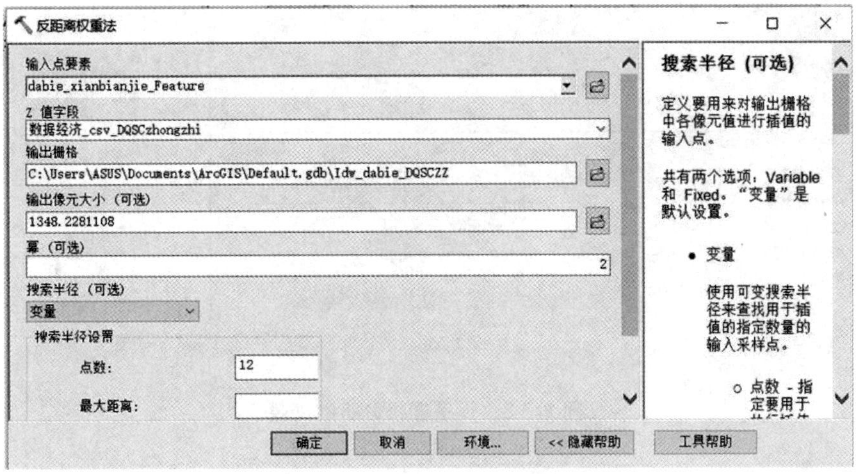

图 2-7-6 反距离权重法设置

点击【环境设置】,【处理范围】选择"与图层 dabie_xianbianjie NEW 相同",【栅格分析】中的【掩膜】选择"dabie_xianbianjie NEM",如图 2-7-7、图 2-7-8 所示,使得生成的空间插值结果只显示在大别山区矢量图层的边界范围内。

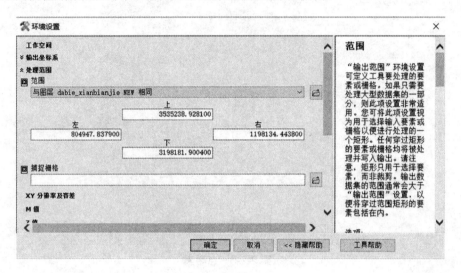

图 2-7-7　设置处理范围

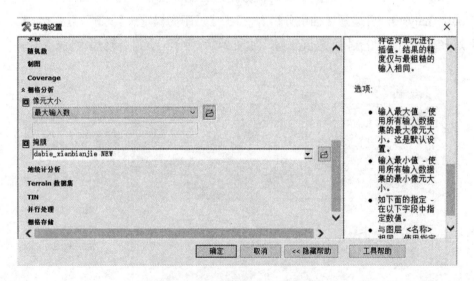

图 2-7-8　设置栅格分析的掩膜

【输出栅格】为"Idw_dabie_DQSCZZ",点击【确定】,得到大别山区地区生产总值的空间插值图,如图 2-7-9 所示。

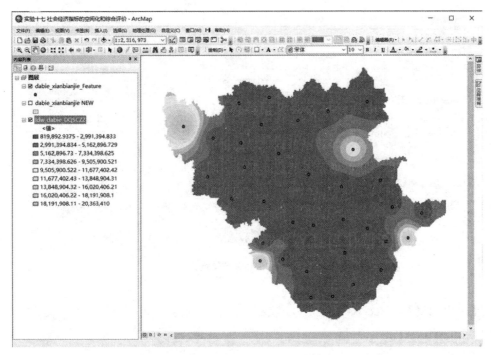

图 2-7-9　地区生产总值空间插值图

第三步：将空间插值数据进行分级。在【ArcToolbox】中选择【Spatial Analyst】，再选择【重分类】，点击【重分类】工具，【输入栅格】："Idw_dabie_DQSCZZ"，点击【分类】，采用自然间断点分级法，分为 5 类，点击【确定】，如图 2-7-10、图 2-7-11 所示。

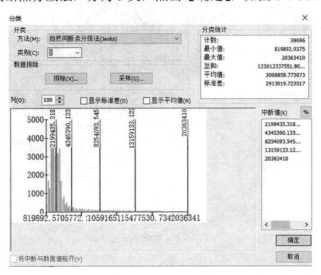

图 2-7-10　分类方法选择

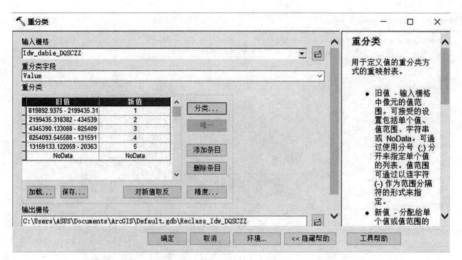

图 2-7-11　重分类设置

【输出栅格】："Reclass_Idw_DQSCZZ"，点击【确定】，得到分级后的空间数据，如图 2-7-12 所示。

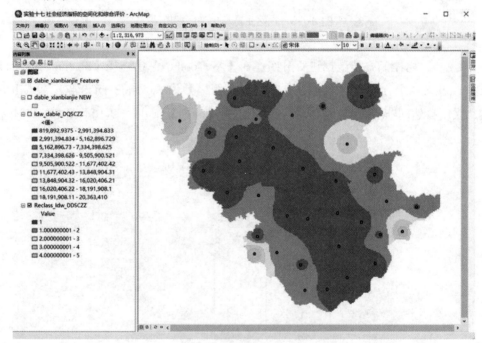

图 2-7-12　重分类后数据

右击"Reclass_Idw_DQSCZZ"图层，点击【属性】，在【符号系统】中修改标注，如图 2-7-13 所示。

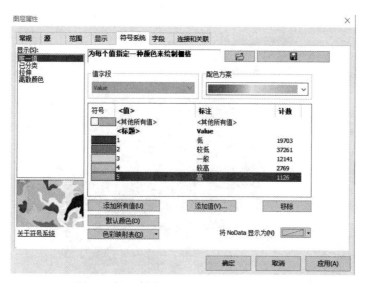

图 2-7-13 设置标注

将大别山区地区生产总值分为 5 级：低、较低、一般、较高和高，如图 2-7-14 所示。

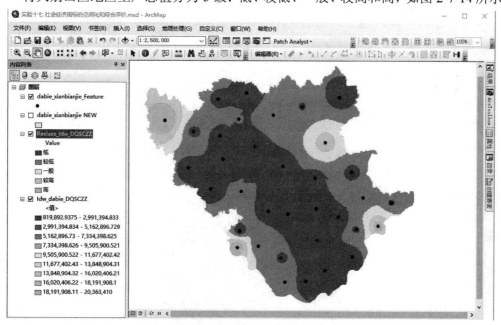

图 2-7-14 分级后的地区生产总值的空间插值分级图

第四步：采用同样的操作步骤，对大别山区第一产业增加值、第二产业增加值、公共财政收入、规模以上企业单位数、固定资产投资数据进行空间插值并分级，分级后的结果分别如图 2-7-15、图 2-7-16、图 2-7-17、图 2-7-18 和图 2-7-19 所示。

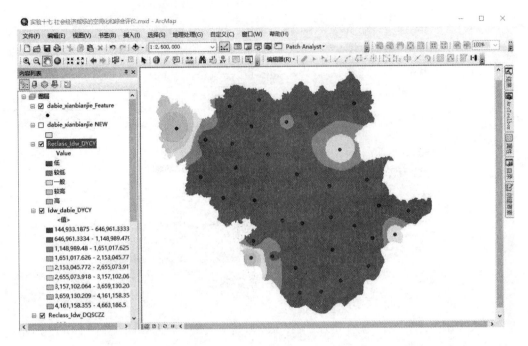

图 2-7-15　第一产业增加值的空间插值分级图

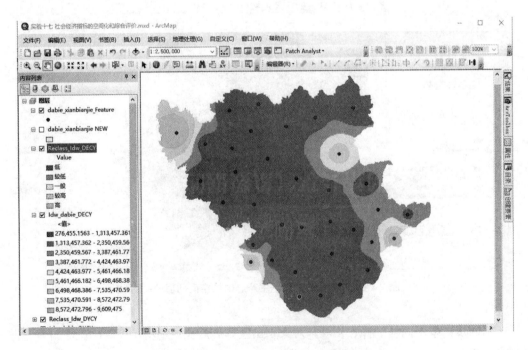

图 2-7-16　第二产业增加值的空间插值分级图

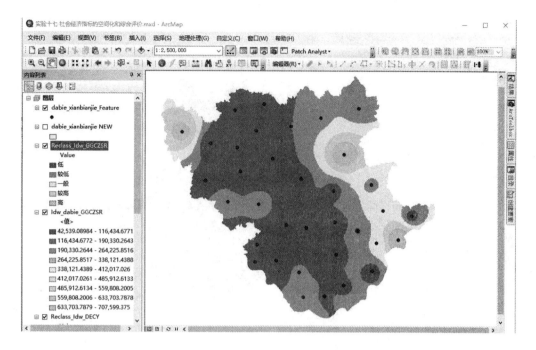

图 2-7-17 公共财政收入的空间插值分级图

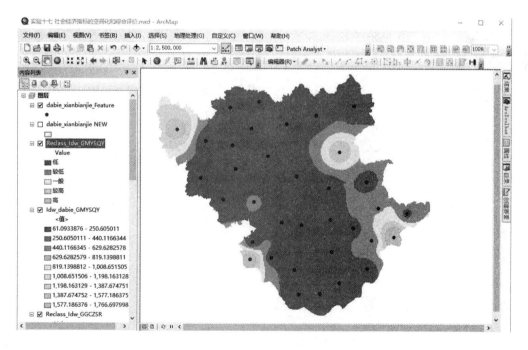

图 2-7-18 规模以上企业单位数的空间插值分级图

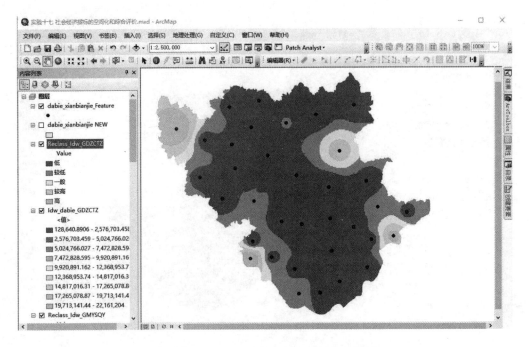

图 2-7-19　固定资产投资的空间插值分级图

3．社会经济指标数据叠加

第一步：在【ArcToolbox】中选择【Spatial Analyst】，选择【地图代数】，点击【栅格计算器】，将重分类后的各个经济数据进行叠加，【输出栅格】为"result"，如图 2-7-20 所示。

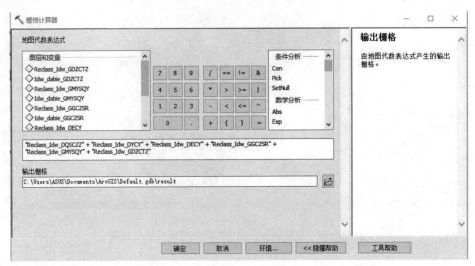

图 2-7-20　栅格计算器

点击【确定】，得到结果如图 2-7-21 所示。

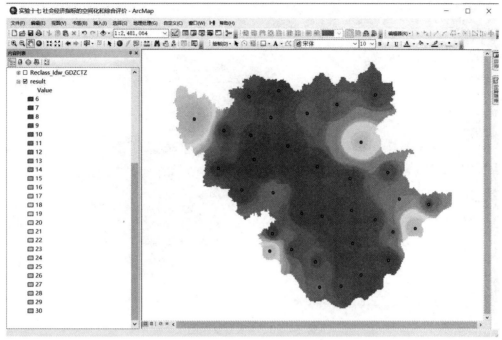

图 2-7-21　叠加后的结果图

第二步：右键"result"数据，点击【属性】，选择【符号系统】，点击【已分类】，设置分类方法和级别：自然间断点分级法分为 5 类，设置标注，如图 2-7-22 所示，点击【确定】，所得分类后结果如图 2-7-23 所示。

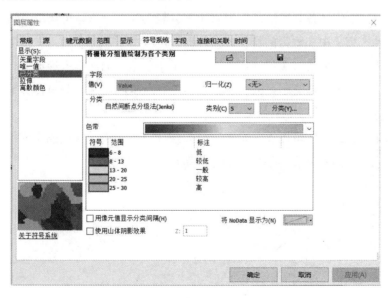

图 2-7-22　叠加后分类

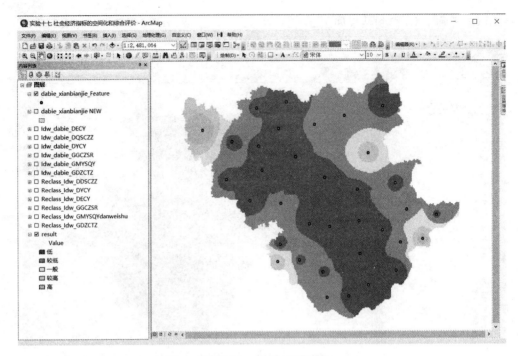

图 2-7-23　分类后结果图

4．对社会经济指标数据进行综合评价分析

从大别山区社会经济指标数据叠加分类后（案例中只分为 5 级，即低、较低、一般、较高和高）的结果可以看出，不同颜色显示了研究区的社会经济发展具有明显的空间差异性，其表明大别山区各县区经济发展水平差异较为显著，总体呈现出市辖区高于一般县区，周边地区高于中部地区的特征。具体而言，从图 2-7-23 中可知，信阳市、安庆市经济发展水平高，六安市、黄冈市次之，而位于中部地区的河南省淮滨县、潢川县、商城县、新县，安徽省金寨县、岳西县、太湖县，湖北省红安县、罗田县等地的经济发展水平相对较低。

另外，在此基础上还可以进一步利用空间统计等方法进行区域的空间统计，分析不同区域低级别或高级别社会经济发展的空间范围及其面积。

案例实验八

网络共享气象数据的处理

一、实验要求

了解网络共享气象数据处理的基本过程；掌握 ArcGIS 中基本的数据转换方法；掌握模型构建器迭代器工具在数据批处理中的应用；掌握 ArcGIS 空间分析中栅格数据的统计、投影定义与转换、重采样、掩膜裁剪等操作。

二、实验基本背景

国家气象信息中心建立的1961年以来中国区域地面降水日值0.5°×0.5°格点数据集，为精确描述我国区域降水变化的趋势和幅度提供了数据基础。气象数据的开放和共享，以及其与不同领域资源的融合，为交通运输、新能源、农业、公共管理及基于大数据技术的智慧城市、智慧交通、智慧农业等领域的开发建设提供了基础。

降水原始数据往往由于在数据结构、数据组织、数据表达等方面与用户需求不一致而需要进行转换与处理，地理信息系统具有投影变换、数据格式转换、数据提取、数据重采样等多种数据处理的基本功能，可以为多源空间数据的转换与处理提供专业的平台和工具。

三、实验内容

利用 ArcGIS 软件对网络共享气象数据格式进行转换，采用模型构建器对降水日值格点 txt 文本数据进行批处理，然后利用空间分析工具计算月降水量、最大日降水量、最小日降水量等指标，采用目标区域的矢量边界对年降水量栅格数据进行裁剪，得到目标区域的年降水量数据。

①运用模型构建器进行 ASCII 转栅格批处理。

②空间统计。

③定义坐标和投影。

④数据重采样。

⑤数据裁剪。

四、实验数据

本实验数据详见表 2-8-1。

表 2-8-1　本实验数据属性

数据	文件名称	格式	说明
1	YYYYMMDD	.txt	中国地面水平分辨率 0.5°×0.5° 的降水日值格点数据
2	Anhui	.shp	安徽省边界图

从中国气象数据网获得 2010 年 1 月的中国地面降水日值 0.5°×0.5°格点数据集（V2.0），原数据集文件命名由数据集代码（SURF_CLI_CHN_PRE_DAY_GRID_0.5）、年月日标识（YYYYMMDD）组成。具体形式为 SURF_CLI_CHN_PRE_DAY_GRID_0.5-YYYYMMDD.TXT。

本实验采用迭代器工具对文本数据进行批处理，将降水日值格点数据集文件名精简为 YYYYMMDD.TXT，用 Excel 打开如图 2-8-1 所示。

数据集说明：

第一行"NCOLS 128"表示实体数据有 128 列；第二行"NROWS 72"表示实体数据有 72 行；第三行"XLLCORNER 72000000000000"表示数据最左下方格点单元的经度范围为 72°E～72.5°E；第四行"YLLCORNER 18000000000000"表示数据最左下方格点单元的纬度范围为 18°N～18.5°N；第五行"CELLSIZE 0.5000000000000"表示网格是 0.5°×0.5°的；第六行"NODATA_VALUE-9999.000"表示中国区域以外的值用-9999.000 表示。从第七行开始是对应网格的降水值，降水值保留 1 位小数，降水单位为毫米（mm）。

	A	B	C	D	E	F	G	H	I	J	K	L	M	N	O
1	NCOLS 128														
2	NROWS 72														
3	XLLCORNER 72.000000000000														
4	YLLCORNER 18.000000000000														
5	CELLSIZE 0.50000000000000														
6	NODATA_VALUE -9999.000														
7	-9999.0 -9999.0 -9999.0 -9999.0 -9999.0 -9999.0 -9999.0 -9999.0 -9999.0 -9999.0 -9999.0 -9999.0 -9999.0 -9999.0 -9999.0 -9999.0 -9999.0 -9999.0 -9999.0 -														
8	-9999.0 -9999.0 -9999.0 -9999.0 -9999.0 -9999.0 -9999.0 -9999.0 -9999.0 -9999.0 -9999.0 -9999.0 -9999.0 -9999.0 -9999.0 -9999.0 -9999.0 -9999.0 -9999.0 -														
9	-9999.0 -9999.0 -9999.0 -9999.0 -9999.0 -9999.0 -9999.0 -9999.0 -9999.0 -9999.0 -9999.0 -9999.0 -9999.0 -9999.0 -9999.0 -9999.0 -9999.0 -9999.0 -9999.0 -														
10	-9999.0 -9999.0 -9999.0 -9999.0 -9999.0 -9999.0 -9999.0 -9999.0 -9999.0 -9999.0 -9999.0 -9999.0 -9999.0 -9999.0 -9999.0 -9999.0 -9999.0 -9999.0 -9999.0 -														
11	-9999.0 -9999.0 -9999.0 -9999.0 -9999.0 -9999.0 -9999.0 -9999.0 -9999.0 -9999.0 -9999.0 -9999.0 -9999.0 -9999.0 -9999.0 -9999.0 -9999.0 -9999.0 -9999.0 -														
12	-9999.0 -9999.0 -9999.0 -9999.0 -9999.0 -9999.0 -9999.0 -9999.0 -9999.0 -9999.0 -9999.0 -9999.0 -9999.0 -9999.0 -9999.0 -9999.0 -9999.0 -9999.0 -9999.0 -														
13	-9999.0 -9999.0 -9999.0 -9999.0 -9999.0 -9999.0 -9999.0 -9999.0 -9999.0 -9999.0 -9999.0 -9999.0 -9999.0 -9999.0 -9999.0 -9999.0 -9999.0 -9999.0 -9999.0 -														
14	-9999.0 -9999.0 -9999.0 -9999.0 -9999.0 -9999.0 -9999.0 -9999.0 -9999.0 -9999.0 -9999.0 -9999.0 -9999.0 -9999.0 -9999.0 -9999.0 -9999.0 -9999.0 -9999.0 -														
15	-9999.0 -9999.0 -9999.0 -9999.0 -9999.0 -9999.0 -9999.0 -9999.0 -9999.0 -9999.0 -9999.0 -9999.0 -9999.0 -9999.0 -9999.0 -9999.0 -9999.0 -9999.0 -9999.0 -														
16	-9999.0 -9999.0 -9999.0 -9999.0 -9999.0 -9999.0 -9999.0 -9999.0 -9999.0 -9999.0 -9999.0 -9999.0 -9999.0 -9999.0 -9999.0 -9999.0 -9999.0 -9999.0 -9999.0 -														
17	-9999.0 -9999.0 -9999.0 -9999.0 -9999.0 -9999.0 -9999.0 -9999.0 -9999.0 -9999.0 -9999.0 -9999.0 -9999.0 -9999.0 -9999.0 -9999.0 -9999.0 -9999.0 -9999.0 -														
18	-9999.0 -9999.0 -9999.0 -9999.0 -9999.0 -9999.0 -9999.0 -9999.0 -9999.0 -9999.0 -9999.0 -9999.0 -9999.0 -9999.0 -9999.0 -9999.0 -9999.0 -9999.0 -9999.0 -														
19	-9999.0 -9999.0 -9999.0 -9999.0 -9999.0 -9999.0 -9999.0 -9999.0 -9999.0 -9999.0 -9999.0 -9999.0 -9999.0 -9999.0 -9999.0 -9999.0 -9999.0 -9999.0 -9999.0 -														
20	-9999.0 -9999.0 -9999.0 -9999.0 -9999.0 -9999.0 -9999.0 -9999.0 -9999.0 -9999.0 -9999.0 -9999.0 -9999.0 -9999.0 -9999.0 -9999.0 -9999.0 -9999.0 -9999.0 -														
21	-9999.0 -9999.0 -9999.0 -9999.0 -9999.0 -9999.0 -9999.0 -9999.0 -9999.0 -9999.0 -9999.0 -9999.0 -9999.0 -9999.0 -9999.0 -9999.0 -9999.0 -9999.0 -9999.0 -														
22	-9999.0 -9999.0 -9999.0 -9999.0 -9999.0 -9999.0 -9999.0 -9999.0 -9999.0 -9999.0 -9999.0 -9999.0 -9999.0 -9999.0 -9999.0 -9999.0 -9999.0 -9999.0 -9999.0 -														
23	-9999.0 -9999.0 -9999.0 -9999.0 -9999.0 -9999.0 -9999.0 -9999.0 -9999.0 -9999.0 -9999.0 -9999.0 -9999.0 -9999.0 -9999.0 -9999.0 -9999.0 -9999.0 -9999.0 -														
24	-9999.0 -9999.0 -9999.0 -9999.0 -9999.0 -9999.0 -9999.0 -9999.0 -9999.0 -9999.0 -9999.0 -9999.0 -9999.0 -9999.0 -9999.0 -9999.0 -9999.0 -9999.0 -9999.0														
25	-9999.0 -9999.0 -9999.0 -9999.0 -9999.0 -9999.0 -9999.0 -9999.0 -9999.0 -9999.0 -9999.0 -9999.0 -9999.0 -9999.0 -9999.0 -9999.0 0.2 0.4 0.2 0.1 (														
26	-9999.0 -9999.0 -9999.0 -9999.0 -9999.0 -9999.0 -9999.0 -9999.0 -9999.0 -9999.0 -9999.0 -9999.0 -9999.0 -9999.0 -9999.0 -9999.0 -9999.0 0.0 0.0 0.1														
27	-9999.0 -9999.0 -9999.0 -9999.0 -9999.0 -9999.0 -9999.0 -9999.0 -9999.0 -9999.0 -9999.0 -9999.0 -9999.0 -9999.0 -9999.0 -9999.0 -9999.0 0.0 0.0 0.0														
28	-9999.0 -9999.0 -9999.0 -9999.0 -9999.0 -9999.0 -9999.0 -9999.0 -9999.0 -9999.0 -9999.0 -9999.0 -9999.0 -9999.0 -9999.0 -9999.0 -9999.0 -9999.0 0.1 0.														
29	-9999.0 -9999.0 -9999.0 -9999.0 -9999.0 -9999.0 -9999.0 -9999.0 -9999.0 -9999.0 -9999.0 -9999.0 -9999.0 -9999.0 -9999.0 -9999.0 0.0 0.0 0.0 0.1 (														
30	-9999.0 -9999.0 -9999.0 -9999.0 -9999.0 -9999.0 -9999.0 -9999.0 -9999.0 -9999.0 -9999.0 -9999.0 -9999.0 -9999.0 -9999.0 -9999.0 -9999.0 0.0 0.1 0.1														
31	-9999.0 -9999.0 -9999.0 -9999.0 -9999.0 -9999.0 -9999.0 -9999.0 -9999.0 -9999.0 -9999.0 -9999.0 -9999.0 -9999.0 0.0 0.0 0.0 0.0 0.0 0.0 0.0														
32	-9999.0 -9999.0 -9999.0 -9999.0 -9999.0 -9999.0 -9999.0 -9999.0 -9999.0 -9999.0 -9999.0 -9999.0 0.0 0.0 0.0 0.0 0.0 0.0 0.0 0.0 0.0 0.0														
33	-9999.0 -9999.0 -9999.0 -9999.0 -9999.0 -9999.0 -9999.0 -9999.0 -9999.0 0.0 0.0 0.0 0.0 0.0 0.0 0.0 0.0 0.0 0.0 0.0 0.0 0.0 0.0														
34	-9999.0 -9999.0 -9999.0 -9999.0 -9999.0 0.0 0.0 0.0 0.0 0.0 0.0 0.0 0.0 0.0 0.0 0.0 0.0 0.0 0.0 0.0 0.0 0.0 0.0 0.0 0.0														
35	-9999.0 -9999.0 -9999.0 -9999.0 0.0 0.0 0.0 0.0 0.0 0.0 0.0 0.0 0.0 0.0 0.0 0.0 0.0 0.0 0.0 0.0 0.0 0.0 0.0 0.0 0.0														
36	-9999.0 -9999.0 -9999.0 0.0 0.0 0.0 0.0 0.0 0.0 0.0 0.0 0.0 0.0 0.0 0.0 0.0 0.0 0.0 0.0 0.0 0.0 0.0 0.0 0.0 0.0 0.(														
37	-9999.0 -9999.0 -9999.0 -9999.0 0.0 0.0 0.0 0.0 0.0 0.0 0.0 0.0 0.0 0.0 0.0 0.0 0.0 0.0 0.0 0.0 0.0 0.0 0.0 0.0 0.0														
38	-9999.0 -9999.0 -9999.0 -9999.0 -9999.0 0.0 0.0 0.0 0.0 0.0 0.0 0.0 0.0 0.0 0.0 0.0 0.0 0.0 0.0 0.0 0.0 0.0 0.0 0.0 0.0														
39	-9999.0 -9999.0 -9999.0 -9999.0 -9999.0 -9999.0 0.0 0.0 0.0 0.0 0.0 0.0 0.0 0.0 0.0 0.0 0.0 0.0 0.0 0.0 0.0 0.0 0.0 0.0 0														
40	-9999.0 -9999.0 -9999.0 -9999.0 -9999.0 0.0 0.0 0.0 0.0 0.0 0.0 0.0 0.0 0.0 0.0 0.0 0.0 0.0 0.0 0.0 0.0 0.0 0.0 0.0 0.0														

图 2-8-1　地面降水日值格点原始数据集

五、实验主要操作过程及步骤

1．运用模型构建器进行 ASCII 转栅格批处理

由于日降水量 ASCII 文件数量较多，单个进行数据转换工作烦琐且重复，为此采用 ArcMap 中模型构建器的迭代器工具进行批处理。

第一步：启动 ArcMap，在【目录】窗口下点击【位置】栏的下拉菜单，点击【工具箱】，展开【工具箱】，右键单击【我的工具箱】，选择【新建】选项下的【工具箱】命令，生成【工具箱】。右键单击【工具箱】，在【新建】命令中选择【模型】命令，生成【模型】，单击【模型】，右键选择【重命名】命令，输入【迭代器】，如图 2-8-2 所示。

图 2-8-2　新建模型

第二步：右击模型【迭代器】，选择【编辑】，打开模型窗口，在窗口菜单栏中找到【插入】—【迭代器】—【文件】，如图 2-8-3 所示。窗口将自动加载迭代文件过程模型，如图 2-8-4 所示。

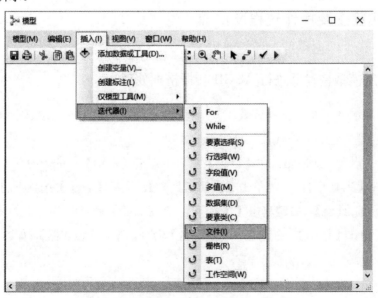

图 2-8-3　在模型构建器中插入文件迭代器

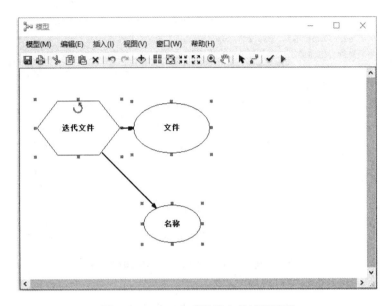

图 2-8-4　窗口加载迭代文件过程模型

第三步：在窗口菜单栏点击【插入】，选择【添加数据或工具】，在查找范围下拉列表中选择【工具箱】，如图 2-8-5 所示。双击【系统工具箱】，找到数据转换工具箱【Conversation tools】，选择【转为栅格】，继续选择【ASCII 转栅格】，将 ASCII 转栅格过程模型加载到窗口中，如图 2-8-6 所示。

图 2-8-5　在模型构建器中插入工具

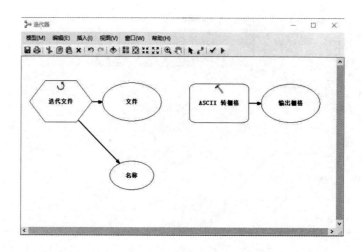

图 2-8-6 将 ASCII 转栅格过程模型加载到窗口

第四步：为构建的模型设置参数，双击【迭代文件】工具，选择文件夹【pre201001】，文件扩展名选择.txt 格式，表示只迭代具有拓展名.txt 的文件，如图 2-8-7 所示，点击【确定】。

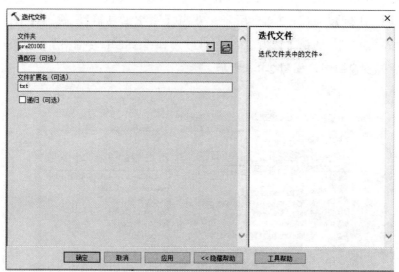

图 2-8-7 【迭代文件】工具参数设置

第五步：双击【ASCII 转栅格】，【输入 ASCII 栅格文件】为 "File.txt"，选择输出栅格的文件名称和位置 "D：\E8\raster\%名称%"，选择数据输出类型为 FLOAT，如图 2-8-8 所示，单击【确定】。

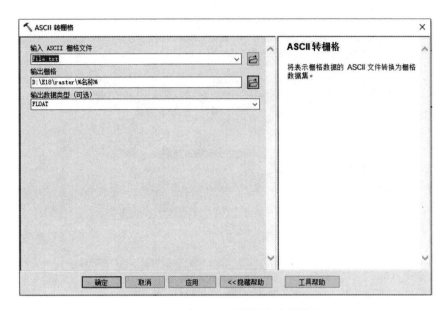

图 2-8-8 【ASCII 转栅格】参数设置

第六步：模型构建成功，如图 2-8-9 所示。在菜单栏中选择【模型】—【运行整个模型】，当模型运行结束后点击【关闭】按钮，如图 2-8-10 所示。

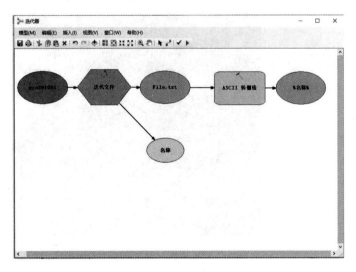

图 2-8-9 模型构建完成

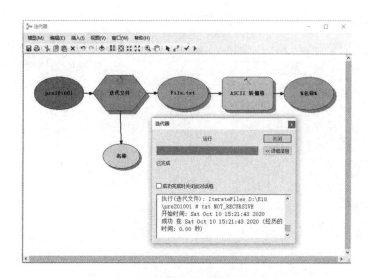

图 2-8-10　模型运行

将处理完后的降水量栅格数据加载到列表中，叠加安徽省边界【anhui.shp】数据，如图 2-8-11 所示。

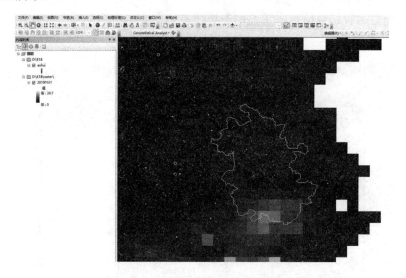

图 2-8-11　处理后的降水量栅格数据

2．空间统计

利用空间分析工具计算月降水量、最大日降水量、最小日降水量等。在软件主菜单栏【地理处理】中点击【ArcToolbox】，启动工具箱，将空间分析工具【Spacial analyst 工具】展开，选择【局部分析】，选择【像元统计数据】，如图 2-8-12 所示。

图 2-8-12　选择【像元统计数据】

在弹出的窗口中选择批处理的栅格数据作为输入栅格数据，选择输出栅格的文件名称和位置"D：\E8\raster_sum"，【叠加统计】选择"SUM"，勾选【在计算中忽略 NoData（可选）】。单击【确定】得到 2010 年 1 月的降水量栅格文件，如图 2-8-13 所示。

图 2-8-13　运用【像元统计数据】工具计算月降水量

按照上述操作，在弹出的窗口中选择批处理的栅格数据作为输入栅格数据，选择输出栅格的文件名称和位置"D：\E8\raster_max"，【叠加统计】选择【MAXIMUM】，勾选【在计算中忽略 NoData（可选）】。单击【确定】得出 2010 年 1 月的最大日降水量栅格文件。

选择批处理的栅格数据作为输入栅格数据，选择输出栅格的文件名称和位置"D：\E8\raster_min"，【叠加统计】选择"MINIMUM"，勾选【在计算中忽略 NoData（可选）】。单击确定得出 2010 年 1 月的最小日降水量栅格文件。

3．定义坐标和投影

由于得到的降水量数据没有定义参考坐标系，不能进行后续处理，这里需要给栅格数据定义大地坐标系和投影参考系。

第一步：在软件主菜单栏【地理处理】中点击【ArcToolbox】，启动工具箱，展开【数据管理工具】，选择【投影和变换】，然后选择【定义投影】，打开对话框。将得到的2010 年 1 月降水量栅格文件"raster_sum"选定作为输入数据集，点击定义坐标系按钮，在弹出的【空间参考属性】对话框中选择【地理坐标系】—【World】—GCS_WGS_1984，点击【确定】，如图 2-8-14 所示，成功定义地理坐标系。

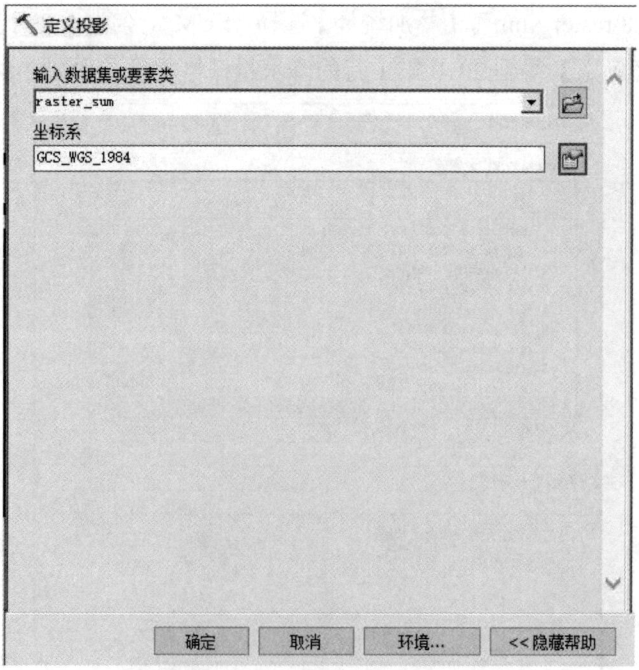

图 2-8-14　定义地理坐标系

第二步：在【投影和变换】工具箱下面展开【栅格】，点击【投影栅格】，在对话框窗口中，将前面已经定义过坐标系的"raster_sum"文件作为输入栅格，确定输出栅格的文件名称和位置"D：\E8\project"作为【输出栅格数据集】，点击输出坐标系按钮，在弹出的【空间参考属性】对话框中选择 🌐 ▾【新建】—【投影坐标系】，在弹出的对话框中选择投影名称为"Lambert_Conformal_Coric"，修改中央经线、两条标准纬线的参数分别为105°E、25°N 和47°N，如图 2-8-15 所示，单击【确定】后，投影坐标系新建成功，如图 2-8-16 所示，单击【确定】后生成投影后的年降水量栅格。

图 2-8-15　新建投影坐标系

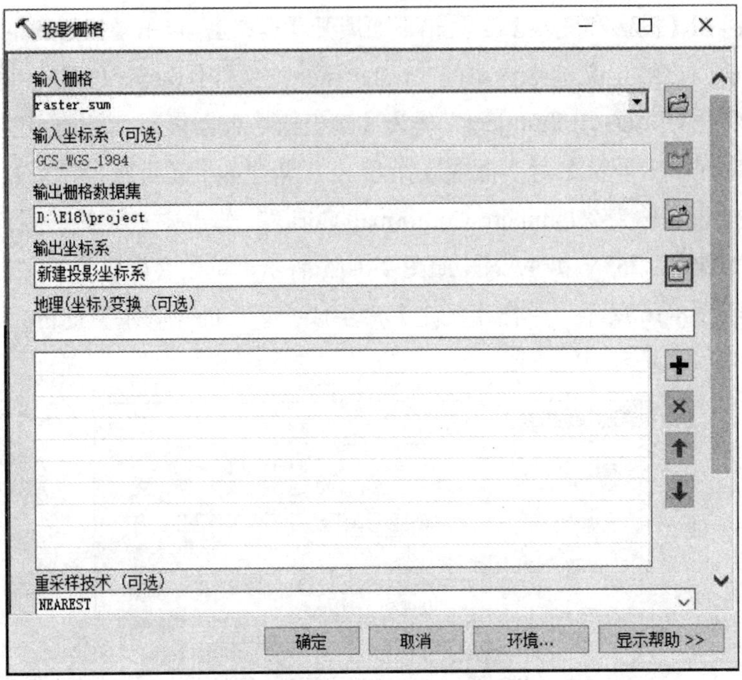

图 2-8-16　定义投影坐标系

右键单击投影后的图层，选择【图层属性】，在【源】选项下找到栅格信息，对比投影前后图层的栅格信息，会发现数据的像元大小单位由"度"变为"米"，数值由（0.5，0.5）变成（62 547.012 87，62 547.012 87），如图 2-8-17、图 2-8-18 所示。

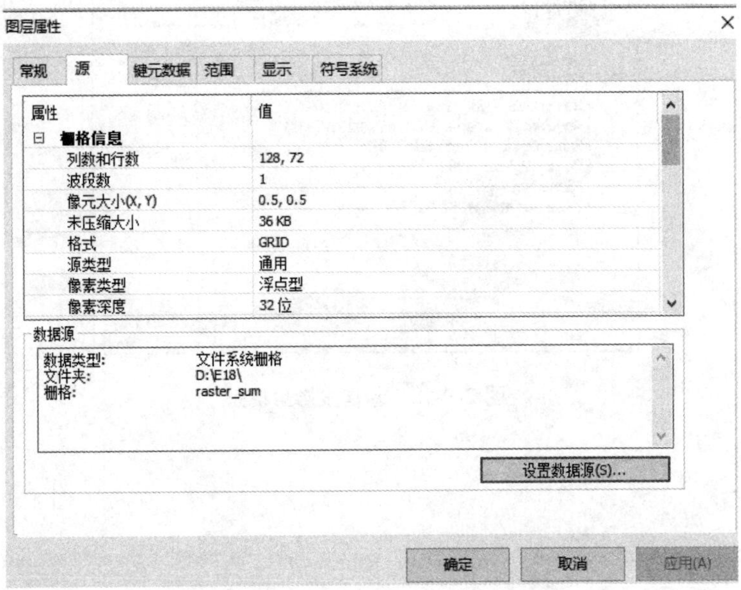

图 2-8-17　定义投影前的图层属性

图 2-8-18　定义投影后的图层属性

4．数据重采样

在软件主菜单栏【地理处理】中点击【ArcToolbox】，展开【数据管理工具】，选择【栅格】下面的【栅格处理】工具，双击【重采样】工具。在弹出的对话框中【输入栅格】栏选择前面已经定义好投影参考系的数据 prj，确定输出栅格的文件名称和位置 "D：\E8\resample" 作为输出栅格数据集，输出像元大小选择（100，100），重采样技术选择最邻近法 "NEAREST"，单击【确定】。具体操作过程如图 2-8-19 所示。

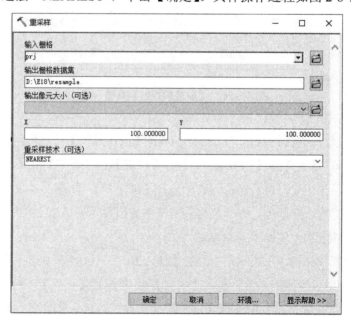

图 2-8-19　【重采样】参数设置

5. 数据裁剪

在 ArcMap 主菜单栏【地理处理】中点击【ArcToolbox】，打开【Spacial Analyst】工具，选择【提取分析】，双击【按掩膜提取】，在弹出的对话框中输入栅格选择重采样后的数据，要素掩膜数据选择安徽省边界文件"anhui."，确定输出栅格的文件名称和位置"D：\E8\extract"作为输出栅格，单击【确定】，安徽省 2010 年 1 月降水量栅格数据将会自动加载到内容列表中，此过程如图 2-8-20 所示。去掉【内容列表】中其他图层前面小方框的勾，单击裁剪后的图层右键"extract"，选择【缩放至该图层】，地图窗口中将只显示安徽省 2010 年 1 月的最大日降水量栅格图层。

图 2-8-20　【按掩膜提取】参数设置

右键单击裁剪后的栅格数据"extract"，单击【图层属性】，选择【符号系统】，在左边【显示】选择框下面选择【拉伸】，在右边【色带】选项条中单击右键，单击【图形视图】，去掉前面的小勾，再从下拉列表中选择【降雨量】，如图 2-8-21 所示，单击【确定】，设置好图层的渲染颜色。掩膜裁剪后的栅格数据显示安徽省 2010 年 1 月降水量为 0.1～106 mm，由北向南降水量呈降低趋势。

切换到【布局视图】，在菜单栏中点击【插入】，在下拉列表中选择【图例】，在【图例向导】对话框中设置图例参数，插入【图例】。在菜单栏【插入】下拉列表中选择【指北针】，在【指北针选择器】中选择合适的指北针样式，插入指北针，形成专题图，如图 2-8-22 所示。

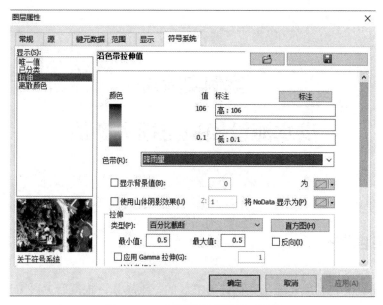

图 2-8-21　图层符号系统显示设置

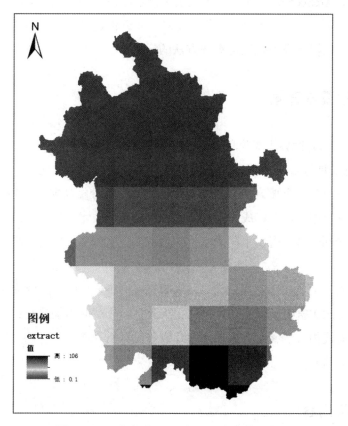

图 2-8-22　安徽省 2010 年 1 月降水量分布图

案例实验九

洪水淹没模拟与损失评估

一、实验要求

选取某研究区，利用建模工具构建研究区的三维场景；根据研究区 DEM 数据，设定不同洪水位，进行淹没面积分析，统计不同地物类型落入淹没范围的信息数据，计算灾害损失；利用 ArcScene，依托三维场景展示洪水淹没的动态演变过程，进行洪水淹没的可视化动画展示。通过本实验，强化学生对空间分析建模的分析与理解，掌握叠加分析、统计分析、矢栅转换、代数运算等方法的运用。

二、实验基本背景

洪水灾害已成为世界上频发的自然灾害之一，对于一些具有保护意义的地区而言（如世界遗产保护地等），尤其需要关注洪水灾害造成的损失，因此开展洪水淹没的三维可视化与评估分析具有重要意义。借助 GIS 强大的空间分析功能，利用 DEM 等建立模型评估风险和灾害损失，已经成为洪水淹没分析的重要技术手段。通过本实验，充分利用 GIS 的空间分析功能，得出不同洪水位下造成的灾害损失，从而为决策管理提供依据和支持。

本实验具有重要的实际应用价值，基于研究区的不同，可以广泛应用于不同的区域分析，从而为洪水灾害提供快速、定量的损失评估，典型应用场景有：城市内涝积水分析、村庄洪水淹没损失预警与分析、水库建设移民分析、泄洪时行洪区的选择等，对于防灾减灾工作具有重要的经济社会价值。

三、实验内容

本实验以徽州某古村落为例，主要内容如下：

①基于 ArcGIS 的三维模块，利用某村的高程数据构建该村的地形模型，再结合 SketchUp 软件构建该村的三维场景模型。

②在 ArcGIS 空间分析工具的支持下，利用空间信息提取、空间叠加等功能对洪水淹没演进进行分析。

③利用三维动画制作工具制作某村洪水淹没模拟动画，进行可视化展示。

④基于上述空间叠加结果，对不同洪水位下不同地物类型淹没的面积、洪水水量等数据进行计算；根据以上统计数据结果对洪水灾害造成的经济损失进行评估分析。

因此，可以根据不同的洪水水位，得到某村在洪水灾害中的经济损失，为防灾减灾工作提供决策支持。

四、实验数据

本实验数据详见表 2-9-1。

表 2-9-1　本实验数据属性

数据	文件名称	格式	说明
1	研究区的离散点	.shp	矢量点
2	研究区影像图	.jpg	

五、实验主要操作过程及步骤

1．研究区概况

某村是安徽省黄山市的一个古村落，以村中的古建筑闻名遐迩。村中有 200 多栋古建筑，其中 120 多栋是居民住宿用的，另外的 100 多栋多为村民放置闲置物品、农具或者进行养殖家禽的建筑。住宿建筑较其他建筑而言，更高大，其他建筑则低矮狭小居多。古村落依山傍水，风景优美。

2．基础数据获取

（1）高程数据获取

可以通过查阅地形图获得离散的高程点，然后插值生成 DEM；也可以通过地理空间数据云下载研究区免费的 DEM 数据，获得的 DEM 数据可以转化成 TIN 格式，利用 ArcScene 软件模拟出研究区的三维地形。

通过逐点采集高程点的方式,采集了 471 个高程点。采用创建 TIN 表面命令生成 TIN。

①选择【3D analyst 工具】—【TIN 管理】—【创建 TIN】,打开创建 TIN 对话框,如图 2-9-1 所示。

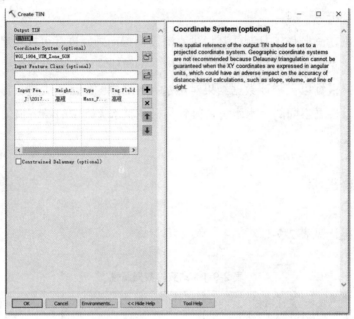

图 2-9-1　创建 TIN

②设置 TIN 的输出路径及名称。

③选择要使用的要素类:本实验中要素类为上述带有高程属性的471 个点矢量数据。在 ArcScene 中的显示效果如图 2-9-2 和图 2-9-3 所示。

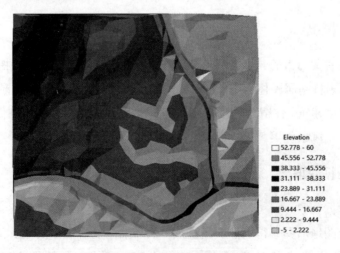

图 2-9-2　三维地形 TIN 模型

图 2-9-3　TIN 模型的 ArcScene 显示

（2）遥感影像数据获取

采用 Vordview-2 遥感影像数据（分辨率约 0.5 m）。利用该高分辨率遥感影像进行影像解译，包括房屋、农田、道路、河流、绿地等。如图 2-9-4 所示。

图 2-9-4　研究区的 Vordview-2 遥感图像

（3）房屋信息提取

基于上述高分辨率的遥感影像，通过 ArcGIS 软件，对某村的古建筑进行了数字化提取，获得古建筑矢量图层，主要分为两类：中等大小建筑、小型建筑。房屋的面矢量数据如图 2-9-5 所示。

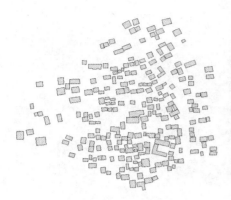

图 2-9-5　建筑物图层及其叠加后效果

（4）研究区三维场景模型搭建

①利用 SketchUp 进行建筑物建模。SketchUp 是一款三维设计软件，操作简单，方便使用，是一款极其容易掌握的软件，并且它还具有强大的视觉表现力。相较于 3D MAX 软件，该软件很容易在较短的时间内掌握使用，对于想要达到的效果，一般情况下，都可以满足。其应用范围较广，可以在建筑、规划、园林等方面使用。该软件与其他软件的交互使用也很方便，支持多种数据格式导入导出。除此之外，软件自身还带有较多的门窗、墙体、屋顶、家具等的材质库，是一款简易操作、功能全面的软件。

首先获得建筑物的二维平面图（见前面矢量化结果），在二维平面图的基础上，进行拉伸、建立屋顶等工作，完成好大致的建筑物三维模型，然后进一步进行细部完善，包括搭建门窗模型，对墙面屋顶进行贴图等，最后完成一个地区的整体建筑物的三维模型。在 SketchUp 软件中，提供了很多便捷的绘制工具和可以直接将面拉伸成体的拉伸工具。

②利用 SketchUp 软件画出所需要建立的模型，如树木、房屋等 3D 模型，如图 2-9-6 所示，并将其保存为 ".Skp" 后缀的文件。

图 2-9-6　房屋和树木的模型

③在目录列表中右击点图层，选择【属性】，再点击【符号表达】，在符号选择中点击【3D 符号模型】，将在 SketchUp 中已经构建好的模型添加进入 ArcGIS 中进行表达。在添加表达的时候，可同时修改符号的大小、角度等参数，使模型在显示的时候更加真实。完成后的效果如图 2-9-7 所示。

图 2-9-7　三维模型

3．洪水淹没分析原理

（1）无源淹没分析

对洪水淹没过程进行模拟是一项十分繁杂的任务，因为洪水在淹没过程中受到很多外力的影响，其中影响最大的因素就是地形因子。洪水淹没分析可分为有源淹没分析与无源淹没分析。本实验采用无源淹没分析。无源淹没分析出的淹没区域是指满足大于设定的最低高程且小于设定的最高高程的区域。这种情况下得到的结果图仅考虑因降水而造成的水位抬升，不考虑地表径流水的汇入，将低于给定水位的点都计入淹没区，高程值小于该值的地方都可能会产生积水。

无源淹没分析首先设定一系列的洪水水位（淹没高度），再根据区域的 DEM 数据来确定每个洪水位下的具体洪水淹没范围，统计出淹没面积。

（2）洪水淹没过程模拟

对洪水淹没进行模拟时，基于 DEM 利用栅格计算器创建洪水水量淹没图层。效果见图 2-9-8。蓝色为低于某水位的淹没区，黑色为非淹没区。

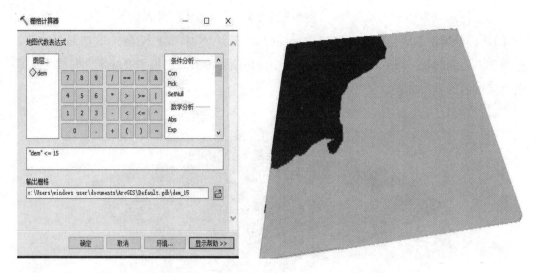

图 2-9-8 栅格计算器操作（左）和某水位下的淹没图层（右）

需要创建 20 个左右的图层，每个图层代表一个洪水水位值，在进行某村的洪水淹没模拟时，逐一显示每个图层，达到模拟动画的效果（图 2-9-9～图 2-9-11）。

图 2-9-9 洪水水位为 6 m 的淹没范围

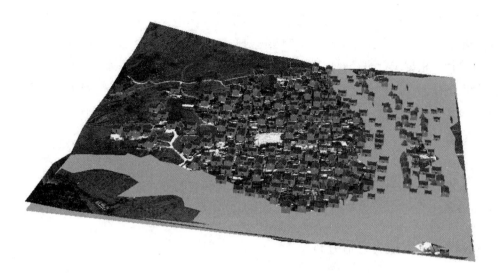

图 2-9-10　洪水水位为 8 m 的淹没范围

图 2-9-11　洪水水位为 10 m 的淹没范围

从图 2-9-9～图 2-9-11 中可知，当洪水水位变化时，其淹没的面积也发生了较大的变化。水位从 6 m 变化到 8 m 时，某村东部的大范围建筑物与农田被洪水淹没；水位从 8 m 变化到 10 m 时，某村的绝大多数建筑物与农田均被淹没在洪水之中。

（3）洪水淹没的动画制作

动画制作主要借助的工具是【3D 动画】，在调用此工具时，首先在菜单栏右击勾选出【3D 动画】工具。ArcScene 中的动画制作工具，主要有以下几种动画制作方式：①捕捉关键帧，利用【动画】工具条下的【拍摄】即可捕捉当前显示的状态，变换显示角度、场景等再次捕捉关键帧，重复上述动作，直至捕捉足够的关键帧。②通过录制动画的形式进行动画制作，这种方式类似于录屏软件，点击【开始录制】后即对显示的动画进行录制，此间，需要手动对显示的模型进行大小、角度以及远近等调整。③设置一个飞行路径，根据飞行路径对建立的模型进行观察，首先，建立一个飞行路径的文件，在文件中创建路径，点击播放即可看到从飞行路径上观察模型的动画。④创建动画组。首先，建立一个新的图层，将要播放的图层组添加进去。在【动画】工具条下点击【创建组动画】，进入组动画设置界面，选择新的图层作为播放图层，点击【播放】按钮后，添加进新的图层组的图层就会逐一显示。

每个图层代表一个洪水水位值，在进行洪水淹没模拟时，逐一显示每个图层，达到模拟动画的效果。

4．洪水灾害损失评估分析

为估算洪水淹没可能造成的损失，首先需要统计出在一定洪水水位下的淹没面积，将获取的淹没区域栅格数据转换为矢量的面数据，利用叠加操作中的求交运算，可以提取出淹没层与不同地物的交集，进而统计出不同地物对应的相应面积或数量（如农田淹没的面积、建筑受损的数量等），再进一步采用损失评估模型定量评估损失。

（1）灾害损失面积提取

获取或制作研究区的 DEM 数据，每一个栅格单元都对应着一个高程值。针对 DEM 数据，利用【数学分析】工具或【地图代数计算】工具，提取出小于设定的水位值之下的栅格单元，再次利用【转换】工具，将提取出的洪水淹没栅格数据转为矢量数据，输出结果图，再利用字段统计的方式得出洪水淹没面积。

根据统计出的淹没面积与其他需要考虑损失的地物类型图层叠加，找出相交范围，从而估算损失面积或造成的损失的数量。如与提取出的建筑物图层进行叠加，最终统计出淹没的建筑物的数量；与农田图层叠加，统计出农田受灾的淹没面积。

（2）灾害损失定量评估

对研究区在不同水位下的损失做出统计分析（表 2-9-2）。表中一共列举了 5 种水位下的洪水淹没水位、洪水面积以及淹没的建筑物数量。

表 2-9-2　不同洪水水位下的统计结果

洪水淹没水位/m	面积/m²	建筑物淹没量/株
6	33 772.22	42
8	68 429.78	77
10	117 885.03	198
12	136 470.84	223
14	143 146.82	236

1）建筑损失评估。

根据建筑的面积将古建筑划分为三个级别：大、中、小。参考相关资料，对三种建筑的经济价值进行了假定，如表2-9-3所示。

表2-9-3 建筑物经济价值评估表

建筑物类别	建筑物规格 （长×宽）/m	建筑物面积/ m²	经济价值/ 万元	数量/ 栋
大	约23×13	约300	10	70
中	约15×9	约135	4.5	83
小	约9×6	约54	1.8	92

建筑物经济损失价值计算公式为

$$V = \sum_{i=1}^{n=3}(A_i \times G_i) \times I \times T$$

式中，V为损失总值；A_i为建筑级别；G_i为单个建筑的损失价值；I为损失率；T为与淹没时间有关的系数（本实验设定淹没时长大于4 h），取值如表2-9-4所示。

表2-9-4 不同淹没时长的系数 T

淹没时长	1 h以内	1～2 h	2～3 h	3～4 h	4 h以上
系数 T	0.5	0.4	0.6	0.8	1

其中，损失率 I 与淹没水深、淹没时长均有关。表2-9-5为建筑物损失率评定表。表2-9-6为洪水淹没建筑物损失评估表。

表2-9-5 建筑物损失率评定表

洪水水位/m	6.0～7.0	7.0～8.0	8.0～9.0	≥10
淹没水深/m	0～1.0	1.0～2.0	2.0～3.0	≥3.0
建筑物损失率/%	5	10	20	35

表2-9-6 洪水淹没建筑物损失评估表

洪水淹没 水位/m	建筑物淹没 总量/栋	较大建筑/ 栋	中型建筑/ 栋	小建筑/ 栋	损失率/%	经济损失总额/ 万元
6	42	7	16	19	5	8.81
8	77	22	27	28	10	39.19
10	198	57	63	78	35	347.86
12	223	64	75	84	35	395.04
14	236	68	80	88	35	419.44

2）经济作物损失。

假设水稻平均亩产为 600 kg，水稻的收购价格为 2.4 元/kg，则每亩的水稻经济价值为 1 440 元。

农作物的损失价值计算公式为

$$V = S \times H \times G \times I \times T$$

式中，V 为农作物的损失总价值；S 为受灾面积；G 为每亩的经济价值；I 为总体的损失率；T 为淹没时长系数。

表 2-9-7 为农作物在不同水深下的损失率。表 2-9-8 为农作物经济价值损失评估结果表。

表 2-9-7　农作物损失率评定表

洪水水位/m	6.0～7.0	7.0～8.0	8.0～9.0	≥10
淹没水深/m	0～1.0	1.0～2.0	2.0～3.0	≥3.0
农作物损失率/%	70	80	90	100

表 2-9-8　农作物经济价值损失评估表

洪水淹没水位/m	淹没总面积/m²	农田淹没面积/m²	农田淹没面积/亩	损失率/%	经济损失总量/元
6	33 772.22	4 751.14	7.13	70	7 187.04
8	68 429.78	14 436.38	21.65	80	24 940.80
10	117 885.03	23 449.21	35.17	100	50 644.80
12	136 470.84	25 367.54	38.05	100	54 792.00
14	143 146.82	26 892.34	40.34	100	58 089.60

将上述不同方面的损失进行累加，即可得到研究区总的灾害损失结果，为决策提供支持。

（说明：本实验仅通过数据进行该方法的操作示例说明。为保障结果的准确性，请选用实际的数据。）